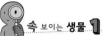

속 보이는 생물 **1**

세포와
항상성
지키기

속 보이는 생물 1
세포와 항상성 지키기

초판 1쇄 발행   2020년 9월 1일

글쓴이   김대준 전성제 권오민
그린이   이현정

편집장   류지상
편집   이용혁 정은미 이상희
디자인   문지현
마케팅   이주은

펴낸이   이경민
펴낸곳   ㈜동아엠앤비
출판등록   2014년 3월 28일(제25100-2014-000025호)
주소   (03737) 서울특별시 서대문구 충정로 35-17 인촌빌딩 1층
전화   (편집) 02-392-6901   (마케팅) 02-392-6900
팩스   02-392-6902
이메일   damnb0401@naver.com
SNS

ISBN 979-11-6363-226-9 43470 (CIP제어번호: CIP2020033580)

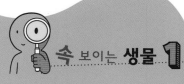

속 보이는 생물 **1**

세포와 항상성 지키기

김대준·전성제·권오민 지음

CELL &
HOMEOSTASIS

동아엠앤비

추천의 글

한국통합생물학회는 다년간에 걸쳐 통합생물학에 관한 학술 발전과 보급을 목표로 여러 학술대회 개최와 학술지를 비롯한 다양한 도서의 발간을 추진해왔습니다. 특히 생물학의 저변을 넓히고자 1999년부터 2009년까지 10년간 '찰스 다윈'을 비롯, 총 9권의 총서를 발간해 미래의 생물학자를 꿈꾸는 학생들로부터 좋은 반응을 얻은 바 있습니다. 그러나 여러 사정으로 인해 최근 10년 동안 출판 사업이 중단된 상태가 이어져 대중 및 학문 후속세대를 위한 학회의 역할을 다하지 못하고 있다는 아쉬움이 있어 왔습니다.

그러던 중 과학전문 출판사 동아엠앤비에서 일반 대중을 위한 교양서적처럼 쉽고, 생물학 부교재처럼 전문적인 내용을 담은 '속 보이는 생물' 시리즈의 출간을 알려와 가뭄의 단비와도 같은 느낌을 받았습니다.

"생명이란 무엇인가?"

이는 참 쉽고도 어려운 주제입니다. 고대 아리스토텔레스부터 현대 생명과학자에 이르기까지 이를 이해하고자 부단히 노력해왔습니다만, 아직도 생명의 신비를 완전하게 풀어내지 못하고 있는 실정입니다.

『속 보이는 생물 1-세포와 항상성 지키기』는 생물학의 역사와 연구방법론을 시작으로 세포의 구조나 기능, 인체의 생명 현상 등을 고등학교 교육과정 수준에 맞춰 다양한 예시와 시각 자료를 통해 이야기식으로 설명하고 있으며, 〈더 알아보기〉나 〈생활 속 과학〉으로 심화 정보까지 제공하고 있습니다. 따라서 이야기책을 보듯 읽고 나면 '생명'에 대한 개념을 확실하게 이해할 수 있게 됩니다. 생명과학 분야에 입문한 대학생이나 이공계 진학을 희망하는 청소년은 물론, 과학적 교양을 쌓기 원하는 일반인에게 매우 유용할 것으로 판단됩니다. 또한 2권『유전과 생명공학』및 3권『진화와 생태』도 조만간 출간될 예정이라 하니, 매우 고무적이라 하겠습니다.

모쪼록 '속 보이는 생물' 시리즈가 우리나라 청소년 및 일반인에게 생명의 신비에 대한 올바른 이해와 과학의 즐거움을 선사할 수 있는 계기가 되기를 기대합니다.

한국통합생물학회 회장
한양대학교 생명과학과 교수 **김철근**

들어가는 말

교과서보다 친절한 생명과학 책이 되기를 바라며

우리는 누구나 학식과 품위를 갖춘 교양 있는 사람이 되기를 원하며, 그런 사람을 보면 존경심과 함께 부러움을 느낀다. 그만큼 우리 삶에서 교양은 중요하다. 교양과 비슷한 말로 '소양'이 있다. 소양은 '평소에 쌓아 둔 학문이나 지식'이라는 의미인데, 교양은 바로 이 소양을 바탕으로 이루어지는 것이라고 생각한다.

특히 요즘 같이 과학과 기술이 빠르게 발전하여 우리의 생활을 변화시키는 시대에는 과학적 소양이 무엇보다 중요한데, 과학적 소양을 갖춘 사람은 일상생활에서 결정을 할 때 과학 지식을 활용하여 문제를 인식하고, 논리적으로 결론을 내릴 수 있다.

세 명의 필자 모두 고등학교에서 생명과학을 가르치고 있는 현직 교사이다. 우리는 독자들에게 과학적 소양 중에서도 특히 생명과학 소양이 중요하다고 말하고 싶다. 생명과학은 생명 현상을 이해하고, 생명체의 본질을 밝혀 우리와 더불어 살아가는 모든 생명체를 위해 지식을 활용하는 멋진 학문이기 때문에 생명과학 소양을 갖추는 것 또한 매우 멋진 일이다.

그럼 생명과학 소양을 기르기 위해 읽어야 할 가장 좋은 책은 무엇일까? 아마 생명과학 교과서가 가장 좋은 책이 될 것이다. 왜냐하면, 우리나라뿐만 아니라 다른 많은 나라에서도 과학적 소양을 기르는 것을 과학 교육의 중요한 목표로 삼고 있기 때문이다. 하지만 교과서는 안타깝게도 여러 가지 제한으로 생명 현상을 충분히 쉽고 재미있게 설명해주지 못한다. 이 책의 탄생 배경이 여기에 있다. 생명과학을 충분히 쉽고 재미있게 이해하면서 소양을 쌓고, 그러면서도 학생들의 학교 공부에도 도움이 될 수 있다면 그야말로 금상첨화일 것이기에 이 책을 만들었다.

『속 보이는 생물 1-세포와 항상성 지키기』는 '세포와 항상성'이라는 부제를 달고, 생명과학의 여러 영역 중에서도 세포의 구조와 기능을 다루는 세포학 그리고 생명을 유지하기 위해 인체 안에서 일어나는 생명 현상을 다루는 생리학을 중심으로 내용을 구성했다. 우리나라 고등학교 생명과학의 교육과정을 기본으로 하여, 교과서에 나오는 주제를 최대한 담으면서 자연스럽게 이야기하듯 개념을 설명하는 것이 이 책의 가장 큰 특징이다. 말하자면 '교과서를 설명해 주는 친절한 선생님' 같은 콘셉트라고나 할까? 그래서 고등학교 생명과학에서 배우는 내용을 미리 공부해 보고 싶은 독자들, 현재 고등학교에서 생명과학을 공부하고 있는 학생들, 그리고 학교를 졸업했지만 생명과학에 관심이 많은 성인들 모두에게 소양을 쌓아 주는 좋은 책이 될 것이라 기대한다. 특히 고등학생 독자들은 수업 시간에 배운 개념을 교과서를 통해 정리한 후 이 책의 해당 부분을 읽으면 더욱 이해가 잘될 것이다.

아무쪼록 『속 보이는 생물 1-세포와 항상성 지키기』가 독자들에게 생명체의 신비로움을 드러내 속을 보여 주는 좋은 책이 되고, 독자들 모두 이 책을 통해 생명과학 소양이 듬뿍듬뿍 쌓이는 즐거움을 느끼기를 기대한다.

차례

1장

생명 과학이
궁금해

인간이 되고 싶었던
안드로이드

생명 현상의 특성

His love is real.
그의 사랑은 진짜입니다.

But he is not.
하지만 그는 진짜가 아닙니다.

I'm sorry, I'm not real.
사람이 아니라서 미안해요.

If you let me, I'll be so real for you.
원하신다면 진짜가 될게요.

Blue fairy?
Please, please make me a real.
파란 요정님?
저를 진짜로 만들어 주세요.

☀ '진짜' 같은 로봇, 안드로이드

　2001년에 개봉한 영화 〈AI〉, 엄마의 사랑을 받길 원했던 남자아이 로봇 데이비드의 가슴 아픈 이야기를 그린 영화이다. 인간의 상상력에는 항상 로봇이 있었으며, 그 정점은 데이비드와 같이 인간을 꼭 닮은 로봇인 안드로이드이다.

　안드로이드android는 그리스어 andro(인간)와 eidos(형상)의 합성어로 '인간을 닮은 것'이라는 의미이다. 그런데 안드로이드는 이제 더는 상상 속의 산물이 아니다. 우리나라는 2006년에 안드로이드 '에버1Ever-1'을 시작으로 꾸준히 발전을 거듭해 현재 '에버4Ever-4'까지 개발하였다. 에버4는 실리콘으로 된 특수 재질을 사용해 인간의 피부와 비슷한 느낌이 들며, 팔 동작이 사람처럼 자연스럽다. 특히 로봇의 감정 표현 연구를 바탕으로 만든 에버4는 인간에 가까운 수십 가지 표정을 지을 수 있다.

　그러나 인간을 꼭 닮은 안드로이드인 데이비드도, 에버4도 우리는 과학적 관점에서 생명체라고 하지 않는다. 그렇다면 '진짜'

〈그림 1〉 가상의 안드로이드: 과학과 기술이 발달할수록 인간을 더욱 닮은 안드로이드가 개발될 수 있을 것이다.

✅ 더 알아보기

안드로이드와 휴머노이드
안드로이드와 함께 인간을 닮은 로봇을 뜻하는 말로 휴머노이드가 있다. 안드로이드는 인간과 똑같이 생기고 인간의 행동까지 할 수 있는 로봇으로, 휴머노이드는 인간과 비슷하고 두 발로 걷는 로봇으로 구분하기도 한다. 우리나라의 '휴보(Hubo)'가 대표적인 휴머노이드이다.

생명체는 무엇일까? 우리가 생명체라고 하는 것은 몇 가지 공통 특성, 이른바 생명 현상의 특성을 나타낸다. 그럼 지금부터 생명 현상의 특성에는 어떤 것들이 있는지 알아보자.

✳ 생명 현상의 특성

생명체는 세포로 이루어져 있다

생명체와 무생명체를 명쾌하게 구분해 주는 기준이 딱 하나 있다면 그것은 아마도 '세포로 이루어져 있느냐?'일 것이다. 지구에서 사는 생명체는 서로 모습과 크기가 제각각이지만 모두 하나 이상의 세포로 이루어져 있다. 아메바, 짚신벌레와 같이 하나의 세포로 이루어져 있으면 단세포 생물이고, 인간과 같이 많은 수의 세포로 이루어져 있으면 다세포 생물이다.

우리는 흔히 세포를 벽돌집을 이루는 벽돌에 비유한다. 이러한 비유가 타당한 면도 있지만 세포는 벽돌처럼 단순하지 않다. 벽돌은 벽돌집의 구조적 단위에 불과하지만, 세포는 생명체의 몸을 이룰 뿐 아니라 이후에 살펴보게 될 생명 현상이 모두 세포를 기반으로 하여 세포 안에서 일어난다. 따라서 세포는 '생명체의 구조적·기능적 기본 단위'로 정의할 수 있다. 여기서 '기능적'이라

더 알아보기

단세포 생물
세포 하나로 이루어지므로 세포가 곧 개체이다.

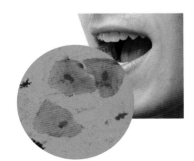

〈그림 2〉 생명체는 모두 세포로 이루어져 있으며, 생명체의 종류에 따라, 한 생명체에서도 몸의 부위에 따라 세포의 모양과 기능은 다양하다.

양파 속껍질의 표피 세포(100배)

사람의 입 안 상피 세포(200배)

함은 바로 생명체가 기능할 수 있도록 각각의 세포 안에서 생명 활동이 일어난다는 의미이다.

생명체는 물질대사를 해서 물질과 에너지를 얻는다

생명체가 유지되려면 무엇이 필요할까? 일단 몸을 만들려면 물질이 필요하다. 세포는 당연히 물질로 이루어져 있다. 그런데 물질이 아무렇게나 모인다고 해서 세포와 생명체가 되지는 않는다. 생명체는 다양한 물질이 매우 복잡하고 정교하게 모여 이루어지는데, 이러한 질서 정연한 체제가 유지되려면 에너지가 필요하다. 에너지가 공급되지 않으면 이내 무질서해지는 것이 자연의 법칙이다. 생명체라고 예외는 아닌 것이다.

따라서 생명체가 기능을 나타내기 위해 수행하는 생명 활동은 결국 물질과 에너지를 얻는 활동이라고 볼 수 있다. 그럼 생명체는 물질과 에너지를 어떻게 얻을까? 이해하기 쉽게 인간을 생각해 보자. 우리는 음식을 먹어 '영양소'라는 물질을 얻는다. 그런데 음식은 결국 다른 생명체이고, 이들의 물질은 인간의 물질과 모두 똑같은 것은 아니다. 종류가 매우 다양한 단백질은 더욱 그러하다. 따라서 우리는 음식에서 얻은 물질을 분해해 내게 필요한 물질을 합성해야 한다.

그리고 자동차가 움직이는 데 필요한 에너지를 얻으려고 연료

☑ 더 알아보기

영양소
생명체의 몸을 구성하고, 에너지를 공급하며 생명 활동을 조절하는 물질로 탄수화물, 지질, 단백질, 물, 무기 염류, 비타민 등이 있다.

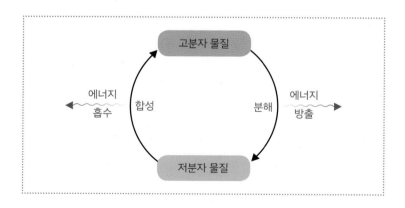

〈그림 3〉 물질대사: 에너지를 흡수해 물질을 합성하는 반응(동화 작용)과 물질을 분해해 에너지를 방출하는 반응(이화 작용)이 있다.

를 태우듯 우리는 생명을 유지하는 데 필요한 에너지를 얻기 위해 에너지원이 되는 물질을 분해한다. 이렇게 생명체가 물질과 에너지를 얻기 위해 기존의 물질을 분해하고 새로운 물질을 합성하는 것을 '물질대사'라고 한다. 이러한 물질대사는 다름 아닌 반응물이 생성물로 바뀌는 화학 반응이며, 세포 안에서 일어나는 생명체의 생명 활동이다.

생명체는 발생과 생장을 거쳐 태어나고 자란다

다세포 생물은 '수정란'이라는 하나의 세포에서 출발한다. 수정란은 여러 복잡한 과정을 거쳐 어린 개체가 되는데, 이 과정을 '발생'이라고 한다. 우리는 일상생활에서 '~일이 발생했다'라는 표현을 쓴다. 여기서 '발생했다'는 '생겼다'는 뜻이다. 이와 마찬가지로 생명체가 생기는 현상이 바로 발생이다. 그리고 이렇게 발생한 어린 개체는 점점 자라 완전히 성숙한 개체, 즉 성체가 되는데 이 과정이 '생장'이다. 예를 들어, 수정란에서 갓난아기가 태어나는 과정은 발생이고 갓난아기가 어른이 되는 과정은 생장이다.

이런 다세포 생물의 발생과 생장에서는 공통적으로 세포 분열이 일어나 세포 수가 늘어난다. 또 수정란에서 유래한 각 세포

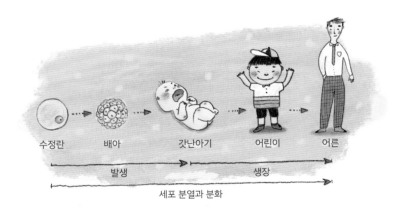

수정란 배아 갓난아기 어린이 어른

발생 생장

세포 분열과 분화

〈그림 4〉 인간의 발생과 생장: 인간을 비롯한 다세포 생물은 세포 분열과 분화를 통한 발생과 생장 과정을 거친다.

가 간세포, 심장 세포 등과 같이 서로 다른 모양으로 기능하는 분화가 일어난다.

생명체는 자극에 반응함으로써 항상성을 획득한다

여러분이 길을 걸어가는데 뒤에서 사납게 생긴 개가 컹컹 짖으며 쫓아온다고 가정해 보자. 여러분은 어떻게 하겠는가? 많은 사람이 뒤도 안 돌아보고 무조건 뛸 것이다. 이렇듯 생명체는 자극에 적절하게 반응한다.

여기서 '자극'은 한마디로 환경의 변화이고, '반응'은 환경 변화에 대처하기 위한 생명체의 작용이다. 우리 몸에서 자극에 대한 반응은 나중에 자세히 살펴보겠지만, 신경계와 내분비계가 정보를 전달함으로써 이루어진다.

그럼, 생명체는 왜 자극에 반응할까? 사나운 개에게 물리는 상황은 생각만 해도 아찔하다. 결국 우리는 생명을 유지하려고 자극에 반응한다. 그런데 여기서 생명을 유지한다는 것은 다름 아닌 항상성을 획득한다는 것이다. '항상성'은 체온, 혈당량, 삼투압, pH 등 몸 안의 환경, 즉 체내 상태를 일정하게 유지하려는 성질이다. 생명체는 항상성을 획득해야만 몸 안에서 화학 반응인 물질대사가 안정적으로 일어나 건강하게 생명을 유지할 수 있다.

✅ 더 알아보기

분화(나눌 分, 될 化) 용어설명
다세포 생물이 발생하는 과정에서 세포의 구조와 기능이 특수화되어 서로 다른 종류의 세포로 나뉘는 현상이다.

항상성 용어설명
(항상 恒, 항상 常, 성질 性)
항상 일정하게 유지하려는 성질

자극에 대한 반응과 항상성
생명체는 몸 밖에서 주어지는 자극뿐 아니라, 몸 안에서 주어지는 자극에도 반응한다. 혈당량이 높아지면(자극) 인슐린의 분비가 촉진(반응)되어 혈당량을 낮추는(항상성) 것이 그 예가 된다.

〈그림 5〉 자극에 대한 반응: 해바라기가 태양을 향해 움직이는 것은 자극에 반응하는 예이다.

〈그림 6〉 항상성: 날씨가 더워지면(자극) 땀을 흘려(반응) 체온이 높아지지 않도록 막는 것은 자극에 대한 반응으로 항상성을 획득하는 예이다.

✅ 더 알아보기

유전 물질
부모에게서 자손에게로 전달되어 유전 현상을 일으키는 물질이다. 개체의 형질(특징) 정보를 저장하고 있으므로 부모에게서 유전 물질을 물려받은 자손은 부모의 여러 형질을 나타내게 된다.

포자 (배胞, 자식子)
용어설명
균류(버섯, 곰팡이)와 일부 식물의 생식에 이용되며, 단독으로 발아하여 새 개체가 되는 세포이다.

✅ 생활 속 과학

적응과 진화의 예:
보호색과 의태
동물이 주변 환경과 비슷한 보호색으로 자신을 숨기거나, 다른 동물이나 주변 환경을 흉내 내는 의태는 모두 적응과 진화의 예이다. 여러분은 아래 사진에서 사탄나뭇잎꼬리도마뱀을 찾을 수 있겠는가?

사탄나뭇잎꼬리도마뱀

생명체는 생식과 유전으로 종족을 보존한다

옆의 사진을 보자. 사진에서 무슨 일이 일어나는 것으로 보이는가?

방금 탄환을 쏘아 보낸 대포가 연기를 내뿜는 것처럼 보이는 이 사진은 긴대말불버섯이 100만 개 이상의 포자를 방출하는 모습을 담은 것이다.

이런 모습을 보면 종족을 보존하고자 하는 생명체의 강한 욕구를 느낄 수 있다. 개체의 수명에는 한계가 있기 때문에 생명체는 종족을 보존하기 위해 자손을 만드는 '생식'을 한다. 그리고 '콩 심은 데 콩 나고, 팥 심은 데 팥 난다'는 속담처럼 자손은 어버이를 닮는데, 이러한 현상을 '유전'이라고 한다. 유전은 생식 과정에서 어버이의 형질(특징) 정보가 저장된 유전 물질이 자손에게 전달되기 때문에 나타난다.

생명체는 환경에 적응하는 과정을 거쳐 진화한다

우리는 종종 주변 사람이 전학을 갔다거나 직장을 옮겼다거나 하는 등 환경이 바뀌면 '적응 잘하고 있니?'라며 안부를 묻는가 하면, 집이 이사를 가서 학교나 직장이 멀어지면 아침에 좀 더 일찍 일어나는 식으로 바뀐 환경에 적응한다. 이와 유사하게 생명체는 몸의 형태, 기능, 생활 습성 등이 변하면서 자신이 처한 환경에서 잘 살아남기 위해 환경에 적합하도록 '적응'한다.

이러한 적응이 오랜 시간 여러 세대에 걸쳐 일어나면 자손 세대로 가면서 변화가 점점 쌓이게 된다. 그 결과 자손의 형질이 조상과는 점점 차이가 나서 새로운 생물종이 출현하는 '진화'가 일어난다. 오늘날 지구에 다양한 생물이 존재하는 것은 하나의 조

〈그림 7〉 적응과 진화: 선인장의 가시는 물이 부족한 환경에 적응한 결과이고, 갈라파고스 제도에 부리 모양이 다른 핀치가 사는 것은 진화의 결과이다.

상 무리가 서로 다른 환경에서 나뉘어 살아가면서 적응하고 진화 했기 때문이다.

🌟 바이러스의 특성

처음에 했던 안드로이드 이야기로 다시 돌아가 보자. 데이비드와 에버4는 인간을 끔찍이 닮았고, 배터리에서 일어나는 화학 반응 으로 에너지를 얻으며, 센서와 인공 지능을 이용해 자극에 반응 할 줄도 안다. 그러나 이들은 세포로 이루어지지 않았으며, 발생 과정을 거쳐 태어났거나 점차 생장하는 것도 아니고, 생식과 유 전이 일어나지 않기 때문에 여전히 생명체라고 볼 수 없다.

　그런데 이런 안드로이드와 비슷한 처지에 놓인 것이 우리 주 변에 있는데, 바로 바이러스이다. 아직도 우리 기억에 고약한 질

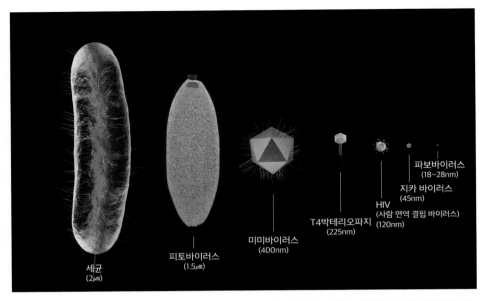

〈그림 8〉 다양한 바이러스: 바이러스는 종류에 따라 모양이 다양하지만 모두 단백질과 핵산으로 이루어진 비세포성 결정 구조이다.

병으로 남아 있는 신종 플루(독감), 사스(SARS), 메르스(MERS), 그리고 최근의 코로나19(covid-19)의 병원체인 바이러스는 〈그림 8〉에서와 같이 모양이 매우 다양하고, 크기가 세균보다도 훨씬 작다. 이러한 바이러스는 안드로이드와 비슷하게 생물적 특성과 비생물적 특성을 모두 가지고 있다.

먼저, 바이러스의 중요한 생물적 특성은 바로 유전 물질인 핵산을 가지고 있다는 것이다. 유전 물질을 가진다는 것은 여러 가지 의미가 담겨 있다. 첫째, 유전이 일어난다는 것, 따라서 둘째, 자손을 만들어 증식한다는 것(자손이 없는데 유전이 일어날 수는 없으므로), 셋째, 유전 물질에 변화가 생기는 돌연변이가 일어날 수 있다는 것, 따라서 넷째, 돌연변이로 새로운 형질이 출현하면 다양한 환경에 적응하며 진화할 수 있다는 것이다.

그러나 바이러스는 세포로 이루어져 있지 않고, 단백질 껍질

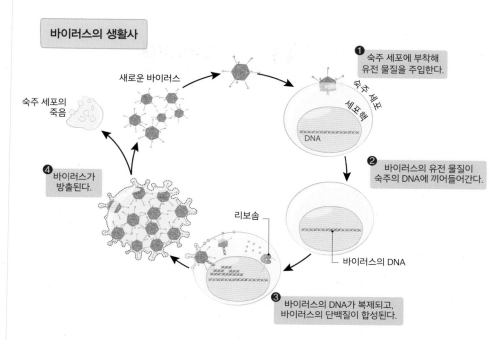

바이러스의 생활사

새로운 바이러스

숙주 세포의 죽음

❶ 숙주 세포에 부착해 유전 물질을 주입한다.

숙주 세포
세포핵
DNA

❷ 바이러스의 유전 물질이 숙주의 DNA에 끼어들어간다.

바이러스의 DNA

리보솜

❹ 바이러스가 방출된다.

❸ 바이러스의 DNA가 복제되고, 바이러스의 단백질이 합성된다.

〈그림 9〉 바이러스는 숙주 세포 안에서만 증식할 수 있어 독립적인 생명체로 볼 수 없다.

속에 핵산이 들어 있는 구조로 되어 있으며, 독자적으로 물질대사를 하지 못해 숙주 세포 안에서만 증식이 가능하다는 비생물적 특성도 있다. 따라서 우리는 바이러스를 안드로이드와 마찬가지로 생명체로 보지 않는다.

이 장에서 우리는 생명체가 나타내는 여러 가지 특성을 살펴보았다. 이러한 생명체의 특성을 연구하는 학문이 바로 생명과학이다. 생명과학은 어떤 특성이 있는 학문인지 다음 장에서 살펴보자.

반 고흐 귀의 부활

생명과학의 특성

2014년 독일에서 빈센트 반 고흐Vincent van Gogh의 잘린 귀를 부활시켰다. 이 귀는 고흐의 후손(남동생의 고손자)에게서 기증받은 세포를 이용해 정교한 3D 바이오 프린터로 제작한 후 성인의 귀 크기만큼 성장시킨 것이다. 고흐의 유전자를 지닌 세포를 이용해 만들어진 살아 있는 귀, 이 귀에 대고 말을 하면 1800년대 후반에 살았던 고흐에게 우리 목소리가 전달될까?

세포, 넌
누구니

다이어트는 어려워!

생명체의 구성 물질

금연과 더불어 '너무나도 힘든 자신과의 싸움'으로 꼽히는 다이어트. 주변에서 다이어트 중인 사람, 다이어트에 성공한 사람, 다이어트에 실패한 사람, 다이어트 노하우 등을 쉽게 접할 수 있을 정도로 다이어트는 현대인에게 중요한 관심사 중 하나이다.

다이어트를 건강하게 하려면 단순히 살을 빼는 것뿐 아니라 유산소 운동을 같이해서 체지방을 줄이고, 근력 운동을 해서 근육량을 늘려 탄력 있는 몸을 만들어야 한다고 전문가들은 말한다. 이때 닭가슴살에 풍부한 단백질은 근육량을 늘리는 데 사용된다.

그럼 체지방은 어떨까? 체지방은 적을수록 좋을까? 그렇지 않다. 물론 체지방이 너무 많으면 비만이 될 수 있겠지만, 지방은 우리 몸에서 여러 가지 중요한 일을 하므로 체지방이 너무 적으면 문제가 된다. 이렇듯 단백질과 지방은 우리 몸을 구성하는 중요한 물질이다. 우리 몸을 구성하는 또 다른 물질에는 어떤 것이 있을까?

✅ 생활 속 과학

유산소 운동
걷기, 오래 달리기, 수영 등 운동에 필요한 에너지를 얻으려고 산소를 소비하는 운동이다. 무산소 운동과 달리 오래 지속 가능한 운동이 여기에 속하며, 탄수화물뿐 아니라 지방도 에너지원으로 사용한다.

생명체 구성 물질의 규칙성과 탄소 화합물

사람의 몸은 다른 생물의 몸과 다른 종류의 물질로 이루어져 있을까? 그렇지 않다. 사람은 개, 무궁화 심지어 대장균과도 같은 종류의 물질로 이루어져 있다. 여러분은 '영양소'라는 말을 자주 들어보았을 것이다. 사람을 비롯해 지구에 살고 있는 모든 생명체를 구성하는 물질이 바로 영양소이다.

〈그림 1〉에서 보는 것처럼 생명체를 구성하는 물질에는 물, 탄수화물, 단백질, 지질, 핵산 등이 있으며, 이 물질들은 30여 종류의 원소로 이루어져 있다. 이러한 생명체 구성 물질은 크게 다음과 같은 두 가지 규칙성을 가지고 있다.

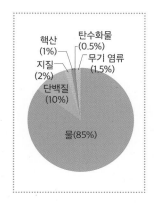

핵산
(1%)
탄수화물
(0.5%)
지질
(2%)
무기 염류
(1.5%)
단백질
(10%)
물(85%)

〈그림 1〉 사람의 간을 구성하는 물질

여기서 '탄소 화합물'이라는 말이 나온다. 이에 대해 좀 더 자세히 알아보자. 탄소 화합물은 '유기 화합물' 또는 줄여서 '유기물'이라고도 한다. 생명체를 구성하는 물질 중 물이 가장 높은 비율을 차지하며, 물을 제외한 나머지는 대부분 탄소 화합물이다. 그럼 탄소 화합물은 어떤 물질일까? 이름에서 탄소(C)를 포함하는 물질이라는 것은 쉽게 알 수 있다. 탄소 화합물은 기본적으로 탄소에 수소(H)가 결합하여 만들어진 물질이다. 생명체에는 탄소 화합물이 다양하게 들어 있는데, 이렇게 다양한 탄소 화합물이 만들어지는 규칙으로 다음 두 가지를 들 수 있다.

1. 탄소는 다른 탄소와 결합해 구조가 다양한 탄소 골격을 형성한다.
2. 탄소는 수소 이외에 산소(O), 질소(N), 인(P) 등과도 결합한다.

탄소 골격은 〈그림 2〉와 같이 탄소 여러 개가 연결된 구조로, 길이가 다양하고 직선·가지·고리 등으로 모양이 다양하며, 결합도 단일 결합뿐 아니라 이중·삼중 결합으로 다양하다. 즉, 탄소

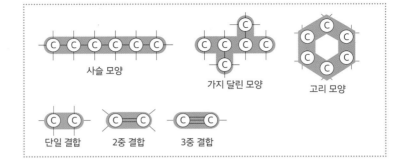

〈그림 2〉 탄소 골격의 다양성: 탄소 골격의 다양성으로 탄소 화합물의 다양성이 나타난다.

과학의 발전이 급기야 사람이 인공 생명체를 탄생시키는 수준까지 이르게 했다. 사람은 정말 조물주 역할을 대신할 수 있을까? 이 장 제목에서 썼지만, 여기서 조물주는 최초 생명체를 탄생시킨 우연과 이로부터 오늘날 다양한 생명체를 탄생시킨 진화를 가능하게 한 긴 시간을 의미한다. 착오 없기를!

그런데 아직은 때가 아닌 것 같다. 생명과학의 역사를 다룬 장에서 이미 살펴보았듯이 모든 생명체는 세포로 이루어져 있으므로 완전한 인공 생명체를 탄생시키려면 인공 합성된 DNA를 기존 세포에 이식하는 것이 아닌, 세포막과 세포질 성분 등을 포함해 세포 자체가 인공 합성되어야 할 텐데 아직 여기까지는 불가능하다. 그만큼 아직도 우리는 세포를 온전히 이해하지는 못한 것이다. 지금부터 이토록 정교하고 복잡한 세포에 대해 알아보자.

생활 속 과학

우연과 필연
분자 생물학자 자크 모노(Jacques Monod)가 쓴 책이다. 이 책에서 그는 "생물 세계에서 일어나는 모든 혁신과 모든 창조의 유일한 기원은 우연이다. 순수한 우연, 절대적으로 자유롭고 맹목적인 그 우연만이 진화라 불리는 거대한 건축물의 뿌리이다."라고 이야기했다.

세포

슐라이덴, 슈반, 피르호가 완성한 세포설에서 알 수 있듯이, 세포는 모든 생명체를 구성하는 기본 단위이다. 앞서 했던 비유대로 벽돌집이 생명체라면 벽돌이 세포가 되는 것이다. 그런데 세포는 생명체를 구성하는 단순한 역할만 하는 것이 아니며, 생명을 유지하기 위해 일어나는 생명 활동이 바로 세포 안에서 일어난다.

더 알아보기

세포 크기의 한계
생명 유지에 필요한 DNA, 단백질 등의 물질과 세포 내 구조물이 들어 있어야 하므로 세포 크기가 무한정 작아질 수는 없다.

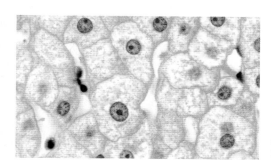

〈그림 1〉 광학 현미경으로 관찰한 간 세포

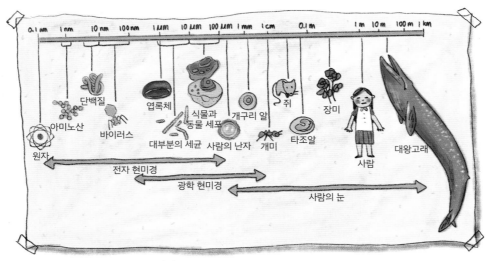

〈그림 2〉 생명체와 구성 성분의 크기 비교

그런 의미에서 세포를 '생명체의 구조적·기능적 기본 단위'라
고 정의한다. 잘 알겠지만 여기서 '구조적'은 몸을 구성한다는 의
미이고 '기능적'은 생명체의 기능, 즉 생명 활동을 한다는 의미이
다. 〈그림 2〉에서 세포는 대부분 크기가 1~100μm 정도로 매우
작아 현미경을 이용해야만 볼 수 있다. 몸무게가 무려 200톤에
이르는, 지구 역사상 가장 거대한 동물이라 여겨지는 대왕고래(흰
긴수염고래)의 세포 역시 마찬가지이다.

그럼 세포는 왜 이렇게 크기가 작을까? 아마도 세포의 크기가
큰 것보다 작은 것이 무언가 유리한 점이 있어서 그럴 것이다. 이

전체 표면적	6	150	750
전체 부피	1	125	125
표면적과 부피의 비율	6	1.2	6

〈그림 3〉 세포 크기에 따른 표면적과 부피의 관계

질문에 대한 대답은 세포의 크기에 따른 표면적과 부피의 관계를 따져보면 알 수 있다. 〈그림 3〉에서 보듯이, 세포를 정육면체로 가정했을 때 세포의 크기가 작을수록 부피에 대한 표면적의 비율이 높아진다.

즉, 사람의 몸이 하나의 커다란 세포로 되어 있을 때보다 많은 수의 작은 세포로 되어 있을 때 몸 전체 부피는 같더라도 세포들의 전체 표면적이 더 넓다는 뜻이다. 그럼 표면적이 넓으면 어떤 점이 유리할까? 우리가 다음에 자세히 살펴보겠지만, 세포는 끊임없이 생명 활동에 필요한 물질은 받아들이고 필요 없는 물질은 내보내야 하는데, 이러한 물질 교환이 바로 세포 표면(세포막)에서 일어난다. 따라서 전체 표면적이 넓으면 물질이 활발히 교환되어 생명 활동이 원활해질 수 있다.

🌟 세포막

지구에 존재하는 모든 세포는 종류에 상관없이 아메바처럼 형태가 수시로 변한다 하더라도, 일정한 형태를 유지한다. 이렇게 세포 안에 들어 있는 내용물이 흐트러지지 않고 일정한 형태를 유지하는 것은 무언가가 세포를 둘러싸고 있기 때문인데, 이러한 구조를 '세포막'이라고 한다. 즉, 모든 세포는 세포막으로 둘러싸여 있다.

우리는 앞에서 세포막을 구성하는 물질이 무엇인지 살펴보았다. 기억나는가? 그렇다! 바로 지질의 일종인 인지질이다. 〈그림 4〉에서 보듯이, 세포막은 주로 인지질과 단백질로 이루어져 있으며, 여기에 약간의 탄수화물(당) 그리고 동물 세포의 경우 콜레스테롤이 포함되어 있다. 이 중 인지질은 세포막의 전체 구조를 이루고, 단백질(막에 있어서 막단백질이라고 함)은 세포막에서 일어나는

✅ 더 알아보기

세포의 연결
다세포 생물의 경우, 세포들끼리 딱 붙어 있는 것이 아니다. 두 세포 사이에 연결 구조가 있어 살짝 떨어져 있으므로 표면적이 넓게 유지된다.

생체막
생명체에 존재하는 막으로, 세포막을 비롯해 핵, 엽록체 등의 세포 소기관을 둘러싸고 있는 막을 모두 포함한다. 생체막의 기본 구조는 세포막과 동일하다.

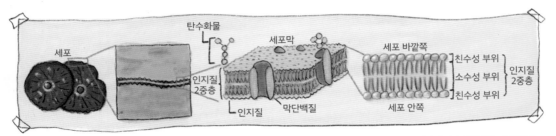

<그림 4> 세포막의 구조: 세포막은 기본적으로 인지질 2중층에 막단백질이 박혀 있는 구조이다.

✅ 더 알아보기

세포막의 탄수화물

세포막에서 탄수화물은 주로 세포막 바깥쪽 표면에 결합되어 있으며, 세포 사이에 서로 인식하는 과정에 관여한다. 예를 들어, 한 생물종의 난자가 자신과 같은 생물종의 정자를 인식하여 받아들일 때 정자의 세포막 표면에 있는 탄수화물을 인식한다.

양친매성

인지질과 같이 친수성 부위와 소수성 부위를 모두 가져 양쪽 매질(물, 유기용매)에 모두 친한 성질을 말한다.

여러 기능을 담당한다고 볼 수 있다.

그런데 세포막을 전자 현미경으로 자세히 관찰하면 줄 두 겹으로 나타난다. 이것은 세포막이 기본적으로 인지질 2중층으로 되어 있기 때문이다. 왜 이런 구조가 되는지는 인지질의 특성에서 알 수 있다. 또 하나, 생명체의 구성 물질 중 물의 비율이 가장 높으며, 세포의 안과 밖에 물이 가장 많다는 사실도 알아야 한다. 앞 장에서도 언급했듯이, 인지질은 글리세롤에 인산과 지방산이 결합된 구조이다.

인지질에 포함된 인산은 수용액에서 음(−) 전하를 띠며, 물 분자와 잘 결합하는(물에 잘 녹는) 반면, 지방산은 전하를 띠지 않으며, 물 분자와 잘 결합하지 않는(물에 잘 녹지 않는)다. 따라서 인지질은 인산이 포함된 친수성 부위와 지방산이 포함된 소수성 부위를 모두 가진다. 그래서 세포 안팎이 대부분 물인 수용성 환경에서 인지질이 모여 세포막을 이룰 때, 인지질의 친수성 부위는 세포의 안쪽 표면과 바깥쪽 표면에서 물과 접하려 하고, 소수성 부위는 세포막의 내부에 모여 최대한 물을 피하려 하기 때문에 <그림 4>에서와 같이 두 겹의 2중층을 형성한다.

세포막을 구성하는 또 하나의 주요 물질인 단백질은 세포막을 관통하는 것, 일부만 세포막 안쪽에 파묻혀 있는 것, 세포막 안쪽이나 바깥쪽 표면에 느슨하게 붙어 있는 것 등 종류가 다양하다. 이러한 막단백질들은 세포 안팎으로 물질을 수송하거나, 세

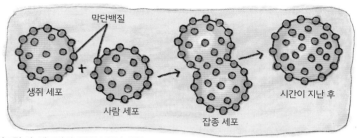

〈그림 5〉 세포막의 유동성 확인 실험

생활 속 과학

유동 모자이크 모델
세포막의 구조를 나타내는 모델로, 세포막이 유동성이 있으며, 막단백질들이 마치 모자이크처럼 세포막에 점점이 박혀 있는 모습을 표현한 것이다.

포막에서 일어나는 물질대사(화학 반응)를 촉진하는 효소로 작용하거나, 세포 바깥에서 발생한 신호를 세포 안으로 전달하거나, 세포와 세포를 서로 연결하는 등 다양한 역할을 한다.

여러분은 단세포 생물인 아메바가 먹이를 잡기 위해 흐물거리며 움직이는 모습을 본 적이 있는가? 이것은 세포막이 딱딱하지 않고 유연성이 있기 때문에 가능하다. 즉, 세포막을 구성하는 인지질과 단백질은 한자리에 고정된 것이 아니라 비교적 자유롭게 세포막 내에서 움직일 수 있는데 이러한 특성을 '유동성'이라고 한다. 세포막의 유동성을 확인할 수 있는 실험이 하나 있다. 〈그림 5〉와 같이 생쥐 세포와 사람 세포에 있는 막단백질을 서로 다른 색깔로 염색한 뒤 두 세포를 하나로 융합해 잡종 세포를 만들면 시간이 지나면서 두 색깔의 막단백질이 잡종 세포 전체에 걸쳐 고르게 흩어진다.

생쥐 세포와 사람 세포가 하나로 융합할 수 있는 것 역시 세포막에 유동성이 있기 때문인데, 이를 응용한 것 중 '리포솜'이 있다. 리포솜은 세포와 유사하게 인지질 2중층의 막으로 둘러싸여 있으며, 내부에 빈 공간이 있는 작은 공 모양의 구조이다.

리포솜의 막을 세포막과 융합할 수 있기 때문에 요즘은 리포솜 안에 비타민과 같은 영양소나 약물 등을 넣은 다음 이것을 세포 안으로 도입시키는 연구를 많이 한다.

지금까지 살펴본 세포막은 기본적으로 세포의 형태를 유지시

먹이를 잡는 아메바

더 알아보기

막의 유동성과 콜레스테롤
일반적으로 온도가 높아지면 막의 유동성이 높아지고, 온도가 낮아지면 막의 유동성이 낮아진다. 세포막에 존재하는 콜레스테롤은 온도가 높아지면 막의 유동성이 너무 높아지지 않게 하고, 온도가 낮아지면 막의 유동성이 너무 낮아지지 않게 조절하는 역할을 한다.

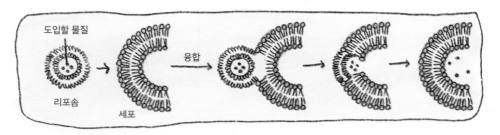

〈그림 6〉 리포솜을 이용한 세포 내 물질 도입 과정

키고, 세포를 외부 환경으로부터 보호한다. 그러나 세포막의 기능은 이것이 전부가 아니다. 세포막은 세포 안팎으로 물질의 출입을 조절하는데, 이 부분은 나중에 자세히 살펴보자.

원핵 세포와 진핵 세포

☑ 더 알아보기

핵양체(nucleoid)
원핵 세포의 DNA는 세포질에 노출되어 있지만 아무렇게나 흩어져 있는 것이 아니라 일정한 부위에 모여(뭉쳐) 있다. 이 부위(구조)를 '핵양체'라고 한다.

원핵 생물과 진핵 생물
지구의 생물은 크게 원핵 세포로 이루어진 원핵 생물과 진핵 세포로 이루어진 진핵 생물로 나뉜다. 세균은 모두 원핵 생물이며 식물, 동물, 버섯, 곰팡이 등은 모두 진핵 생물이다.

우리가 살고 있는 이 지구에는 얼마나 다양한 종류의 생명체가 살까? 지구의 생물종 수는 약 1,500만 종일 것이라고 예상하며, 이 중 현재 발견된 종은 170만~180만 종이다. 이렇게 다양한 종류의 생명체를 크게 두 무리로 나눌 수 있는데, 이때 기준은 '어떤 종류의 세포로 이루어져 있는가?'이다. 즉, 세포에는 크게 두 종류가 있는데, 바로 〈그림 7〉에서 보는 원핵 세포와 진핵 세포이다. 〈그림 2〉에도 나타나 있듯이, 일반적으로 원핵 세포는 구조가 단순하며 크기는 1~10μm이고, 진핵 세포는 구조가 원핵 세포에 비해 복잡하며 크기는 10~100μm이다.

원핵 세포prokaryotic cell는 유전 정보를 담고 있는 DNA가 막으로 싸여 있는 공간 안에 있지 않고 세포질에 노출되어 있다. '원핵'은 pro(이전)와 karyotic(핵)이 합쳐진 용어로, 지구에 처음 출현한 원시적인 핵을 의미한다. 따라서 원핵 세포에 '핵이 없다'고 말하

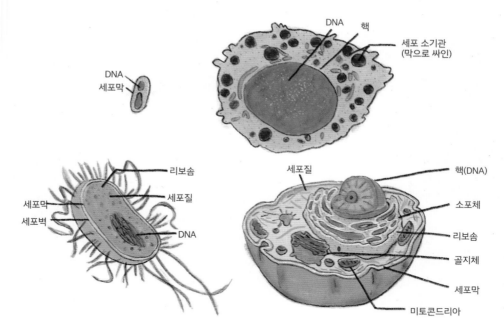

〈그림 7〉 원핵 세포(좌)와 진핵 세포(우): 원핵 세포와 진핵 세포에는 공통적으로 세포벽(식물 세포에 있음), 세포막, 리보솜, DNA가 있다. 전자 현미경(TEM) 사진은 인위적으로 채색한 것이다.

기보다는 '핵이 막으로 싸여 있지 않아 일정한 형태를 갖추고 있지 못하다'고 말하는 것이 더 옳다.

또한 원핵 세포에는 엽록체, 미토콘드리아 등과 같이 막으로 싸여 있는 세포 소기관이 없다. 그러나 원핵 세포에는 막으로 싸여 있지 않은 이 있으므로 이 경우도 원핵 세포에 '세포 소기관이 없다'고 하면 안 되고 '막으로 싸인 세포 소기관이 없다'고 해야 한다.

반면, 진핵 세포eukaryotic cell는 진짜eu 핵karyotic을 가진 세포로, DNA가 막으로 싸여 있어 일정한 형태를 갖춘 핵 안에 들어 있다. 진핵 세포는 막으로 싸여 있는 다양한 세포 소기관이 있어 구조적으로 원핵 세포보다 복잡하다. 따라서 진핵 세포는 원핵 세포에서 진화했다고 추정할 수 있다. 진핵 세포의 세포 소기관에 대해서는 다음 장에서 자세하게 살펴본다.

〈그림 8〉 시계를 이루는 톱니바퀴들

생명체의 유기적 구성

사람을 비롯해 우리가 주변에서 쉽게 볼 수 있는 생명체는 대부분 많은 세포로 이루어진 다세포 생물이다. 세포는 어떻게 모여서 하나의 생명체를 이룰까? 물론 아무렇게나 모여 있지는 않을 것이다. 세포로부터 생명체가 이루어지는 것을 '유기적 구성'이라고 한다.

유기적 구성은 시계의 톱니바퀴를 생각해 보면 좀 더 쉽게 이해할 수 있다. 시계는 〈그림 8〉에서 보듯이, 많은 수의 톱니바퀴로 이루어져 있다. 이 톱니바퀴들은 크기나 모양이 다르지만 서로 맞물려 돌아감으로써 정확한 시간을 나타낸다. 시계에서 혼자 돌아가는 톱니바퀴는 없다. 따라서 톱니바퀴가 하나라도 고장나면 시계가 정확한 시간을 나타낼 수 없는데, 이러한 관계를 '유기적'이라고 표현한다. 이러한 유기적 관계는 우리 몸을 구성하는 모든 세포 그리고 세포가 모여 이루어진 모든 구조에도 그대로 적용된다.

그렇다면 다세포 생물은 어떻게 유기적으로 구성되어 있을까? 다세포 생물에서는 기본적으로 모양과 기능이 비슷한 세포들이 모여 조직을 이루고, 여러 종류의 조직이 모여 일정한 구조를 갖추고 고유한 기능을 하는 기관이 된다. 그리고 여러 기관이 모여 생명을 유지하기 위해 더는 분리할 수 없는 독립된 하나의 생명체인 개체가 된다.

〈그림 9〉 동물의 구성 단계: 동물의 기관에는 심장, 간, 위, 뇌, 폐, 소장, 대장, 콩팥 등이 있고, 기관계에는 순환계, 소화계, 호흡계, 배설계, 신경계 등이 있다.

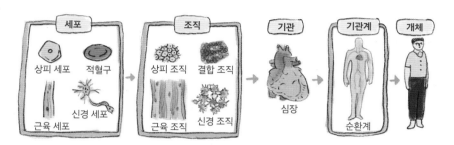

그런데 동물은 개체를 구성하기 전 여러 기관 중 좀 더 직접적으로 연관된 기능을 하는 몇몇 기관이 모여 기관계를 이룬다. 즉, 동물은 세포 → 조직 → 기관 → 기관계 → 개체의 구성 단계를 나타낸다. 〈그림 9〉와 같이 동물의 조직에는 상피 조직, 결합 조직, 근육 조직, 신경 조직이 있으며 이 조직들이 모여 심장과 같은 기관이 된다. 그리고 심장이 혈관 등과 모여 순환계가 되고 최종적으로 순환계가 소화계, 호흡계 등 다른 기관계와 모여 개체가 된다. 반면 식물은 기관을 구성하기 전 여러 조직이 모여 식물체 전체에 걸쳐 연속된 구조인 조직계를 이루며, 동물에서 나타나는 기관계는 없다. 즉, 식물은 세포 → 조직 → 조직계 → 기관 → 개체의 구성 단계를 나타낸다. 〈그림 10〉과 같이 식물의 조직계에는 표피 조직을 포함하는 표피 조직계, 해면 조직을 포함하는 기본 조직계, 물관과 체관 조직을 포함하는 관다발 조직계가 있다. 그리고 이 조직계들이 모여 잎과 같은 기관이 되고, 최종적으로 여러 기관이 모여 개체가 된다.

이 장에서 우리는 생명체의 기본 단위인 세포와 이 세포로부터 어떻게 유기적으로 생명체가 구성되는지 어느 정도 알게 되었다. 그러나 아직 세포의 모든 면을 다 알게 된 것은 아니다. 세포를 하나의 '소우주'라 부를 정도로 세포 내부는 더욱 신비롭다. 다음 장에서 신비로운 세포의 내부로 들어가 보자.

✅ 더 알아보기

동물의 조직
- 상피 조직: 몸의 표면이나 내장 기관의 안쪽 벽을 덮고 있다.
- 결합 조직: 서로 다른 조직 사이를 채워 이들을 결합하거나 지지한다.
- 근육 조직: 수축과 이완을 하여 몸(내장 기관 포함)의 움직임에 관여한다.
- 신경 조직: 자극(신호)을 받아 전달해 해당 기관에서 특정한 반응이 일어나게 한다.

식물의 조직계
- 표피 조직계: 식물체의 바깥 표면을 덮고 있어 식물체를 보호한다.
- 관다발 조직계: 물관부와 체관부로 이루어지며, 여러 물질을 운반한다.
- 기본 조직계: 광합성이 활발하게 일어나며, 양분 저장, 지지 기능 등을 한다.

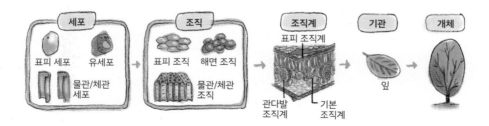

〈그림 10〉 식물의 구성 단계: 식물의 기관에는 영양 기관인 잎, 뿌리, 줄기와 생식 기관인 꽃, 열매가 있다.

위대한 야구 선수
루게릭을 아시나요?

세포 소기관

앙리 루게릭Henry Louis Gehrig. 1925년부터 1939년까지 2,130경기 연속 출장 기록을 세우며 12년 연속 3할대 타율과 5번의 40홈런 시즌을 기록한 뉴욕 양키스의 전설적인 야구 선수로 '철마The Iron Horse'라는 별명까지 붙은 그가 1939년 은퇴하고 2년 뒤 서른일곱 살의 짧은 생을 마감한다. 그는 은퇴식에서 "오늘 저는 저 자신이 지구상에서 가장 운이 좋은 남자Luckiest Man on the Face of the Earth라고 생각합니다."라는 연설을 했다. 그는 '근위축성 측색 경화증ALS'이라는 병으로 생을 마감했고, 이 병은 그의 이름을 따서 '루게릭병'이라고도 불린다. 루게릭병은 어떤 병일까?

루게릭병은 신경 세포(뉴런)가 죽으면서 근육이 약해지고 마비가 일어나 나중에는 혼자 일어날 수도 없게 되는 병이다. 이 병의 원인은 여러 가지인데, 그중 하나는 특정 유전자 이상으로 신경 세포의 미토콘드리아가 제 기능을 하지 못하는 것이다. 이렇듯 세포 소기관은 세포, 더 나아가 개체가 생명을 유지하는 데 매우 중요한 역할을 한다.

세포 소기관의 유기적 관계

우리가 앞에서 살펴보았듯이, 진핵 세포에는 다양한 종류의 세포 소기관이 있다. 대표적 진핵 세포인 동물 세포와 식물 세포에 있는 세포 소기관들은 〈그림 1〉과 같다.

동물 세포와 식물 세포를 비교해 보자. 이 두 세포에 공통적인 세포 소기관에는 무엇이 있을까? 그리고 두 종류의 세포에서 차이가 나는 세포 소기관은 무엇일까? 〈그림 1〉에 표현되지 않은 세포 소기관까지 포함하면 다음과 같다. 이러한 차이는 절대적인

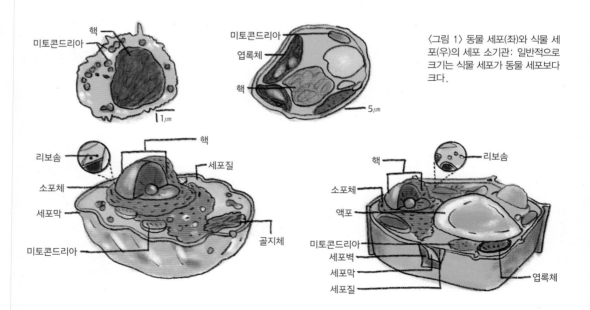

〈그림 1〉 동물 세포(좌)와 식물 세포(우)의 세포 소기관: 일반적으로 크기는 식물 세포가 동물 세포보다 크다.

것이 아니며, 사람마다 조금씩 견해가 다르다는 것을 염두해 두기 바란다.

> • 동물 세포에만 있는 세포 소기관: 리소좀, 중심체(중심립), 편모, 섬모
> • 식물 세포에만 있는 세포 소기관: 엽록체, 세포벽, 액포

✅ 더 알아보기

세포 소기관
세포 소기관은 일반적으로 세포 안에서 특수한 기능을 하는 구조물로 정의되지만, 세포막과 세포벽을 포함시키기도 한다.

이렇게 다양한 세포 소기관은 세포의 생명 활동을 위해 서로 밀접하게 영향을 주고받으며 기능한다. 즉, 생명체의 유기적 구성이 하나의 세포 안에서도 적용된다. 지금부터 우리가 하나하나 좀 더 자세히 살펴볼 세포 소기관들을 역할에 따라 구분해 보면 다음과 같다. 하지만 이러한 구분 역시 절대적인 것은 아니다.

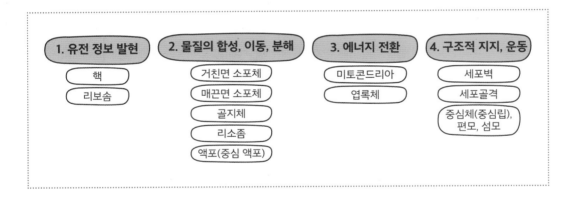

유전 정보 발현과 관련된 세포 소기관

핵

한 개체를 만드는 데 필요한 설계도와 같은 유전 정보는 부모에게서 물려받은 유전 물질인 DNA에 저장되어 있고, 세포 안에서 DNA는 대부분 핵 안에 들어 있으므로 핵은 유전 정보 발현 (표현)을 담당하는 대표적 세포 소기관이다. 우리가 무언가 중요한

것을 두고 '핵심'이라는 표현을 쓰는 것처럼, 세포에서 핵은 매우 중요한 부위이다. 핵은 DNA의 유전 정보를 이용해 세포 안에서 단백질이 만들어지게 한다. 이렇게 만들어진 단백질은 효소로 사용되어 물질대사를 촉진하기도 하고, 막단백질로 사용되어 물질 출입을 조절하기도 하며, 세포를 구성하는 골격으로 사용되어 세포 모양을 결정하기도 한다. 따라서 핵은 언제 어떤 종류의 단백질이 만들어질지 명령(결정)함으로써 세포에서 일어나는 모든 생명 활동을 조절하는 중추가 되므로 세포의 생장과 증식에 꼭 필요하다.

핵의 명령으로 만들어지는 단백질이 작용해 한 개체를 규정하는 특징, 예를 들어 사람이라면 얼굴 생김새, 성격, 혈액형, 피부색 등이 나타나므로 핵은 한 개체의 유전 형질을 결정한다.

핵은 대부분 구 모양이며, 평균 지름은 $5\mu m$ 정도이다. 핵을 싸고 있어 핵과 세포질을 분리해 주는 핵막은 인지질 2중층의 막이 두 겹인 2중막 구조로, 바깥쪽의 막을 외막, 안쪽의 막을 내막이라고 한다. 핵막에는 군데군데 구멍이 뚫린 것처럼 보이는 핵공이 있는데, 핵공은 RNA, 단백질 등과 같은 물질이 핵 안팎으로 드나드는 출입 통로이다.

〈그림 2〉 핵: 핵막의 외막과 내막은 각각 인지질 2중층 구조이고, 핵공 부위에서는 외막과 내막이 합쳐진다.

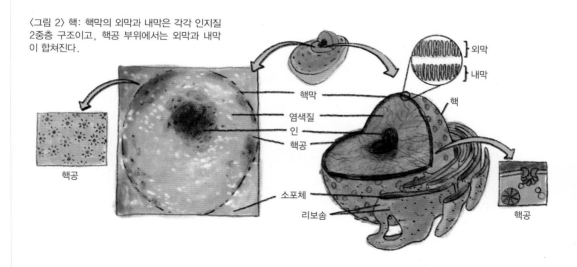

외막
내막
핵막
염색질
인
핵공
핵
소포체
리보솜
핵공
핵공

핵 안에서 DNA는 여러 종류의 단백질과 결합되어 끈적끈적한 거미줄과 같은 형태로 어느 정도 뭉쳐 있는데 이를 '염색질'이라고 한다. 또한 핵 안에는 다른 부위에 비해 유난히 어둡게 보이는 '인'이 있다. 인이 어둡게 보이는 것은 리보솜을 만드는 데 사용되는 rRNA와 단백질이 많이 모여 있기 때문이며, 이곳에서 리보솜이 만들어진다.

리보솜

핵이 DNA를 이용해 세포에서 언제 어떤 종류의 단백질을 만들지 결정하면 실제로 단백질을 만들어 유전 정보가 발현되게 하는 역할은 리보솜이 한다. 마치 관리자(핵에 해당)가 어떤 물건(단백질에 해당)을 만들지 결정하고, 그 물건의 설계도 사본(mRNA에 해당)을 기술자(리보솜에 해당)에게 주면 기술자가 제품을 만드는 방식이다. 리보솜은 〈그림 3〉에서 보는 것처럼 막으로 싸여 있지 않으며, rRNA와 여러 종류의 단백질이 모여 이루어진 지름 20nm 정도의 작은 알갱이 형태이다. 리보솜에는 세포질 여기저기에 흩어져 있는 자유 리보솜, 소포체와 핵막의 바깥쪽 표면에 붙어 있는 결합 리보솜이 있다.

자유 리보솜은 주로 세포 안에서 사용되는 단백질을 만들고, 결합 리보솜은 주로 세포막을 구성하는 막단백질과 세포 밖으로

☑ **더 알아보기**

리보솜의 단백질
리보솜을 구성하는 rRNA는 핵 안에서 만들어지지만, 단백질은 세포질의 리보솜에서 만들어진다. 따라서 이 단백질은 핵공을 통해 핵 안으로 들어와 리보솜을 만드는 데 이용된다.

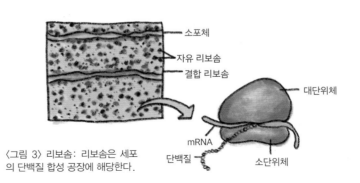

〈그림 3〉 리보솜: 리보솜은 세포의 단백질 합성 공장에 해당한다.

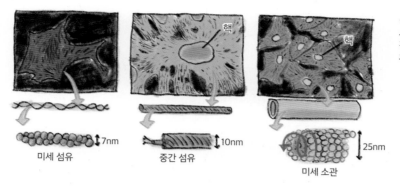

미세 섬유   7nm

중간 섬유   10nm

미세 소관   25nm

핵

핵

〈그림 10〉 세포 골격: 이 현미경 사진은 세 종류의 세포 골격을 각각 서로 다른 색깔로 형광 염색한 후 관찰한 것이다.

세포 골격에는 〈그림 10〉과 같이 가장 가느다란 미세 섬유, 중간 굵기의 중간 섬유, 가장 두꺼운 미세 소관 세 종류가 있다. 세포 골격은 모두 단백질로 이루어지며, 세포 모양을 유지하는 역할을 한다.

이외에도 미세 섬유는 세포 안에서 물질을 이동시키거나 근육 세포가 수축하는 데 관여하며, 중간 섬유는 핵과 세포 소기관의 위치를 고정하는 데 관여한다. 마지막으로 미세 소관은 세포 안에서 소낭을 비롯해 세포 소기관을 이동시키는 데 관여하며, 세포가 분열할 때 염색체를 이동시키는 데 이용되는 방추사를 구성한다. 미세 소관은 중심체, 섬모, 편모도 구성한다.

중심체(중심립), 편모, 섬모

중심체(중심립)는 세포에서 미세 소관을 만들어 내는 부위로, 세포가 분열할 때는 여기에서부터 긴 방추사가 만들어지기 시작한다. 중심체는 〈그림 11〉에서 보듯이 여러 개의 미세 소관이 모여 이루어진 짧은 기둥 2개로 이루어져 있으며, 이 짧은 기둥 2개는 서로 직각 방향으로 놓여 있다.

정자의 꼬리(편모)나 짚신벌레의 섬모와 같이 편모와 섬모는 모두 세포 운동과 관련되어 있으며, 일반적으로 편모에 비해 섬모는 길이가 짧고, 하나의 세포에 많은 수가 존재한다. 편모와 섬모

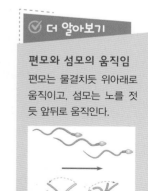

✅ **더 알아보기**

편모와 섬모의 움직임
편모는 물결치듯 위아래로 움직이고, 섬모는 노를 젓듯 앞뒤로 움직인다.

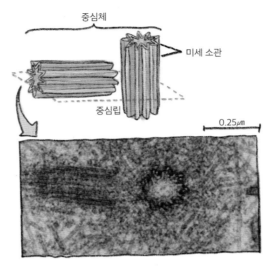

〈그림 11〉 중심체

는 모두 세포막으로 싸여 있으면서 세포 바깥쪽으로 돌출된 구조로, 〈그림 12〉에서 보는 것처럼 미세 소관이 2개 붙어 있는 2중관 9개가 가장자리를 따라 원형으로 배열되어 있고, 가운데에 미세 소관 1개로 된 단일관 2개가 배열되어 있는데, 이러한 구조를 '9+2' 구조라고 한다.

이 장에서 우리는 세포라는 소우주를 이루는 여러 세포 소기관 행성을 살펴보았다. 그런데 이러한 소우주가 유지되려면 그리

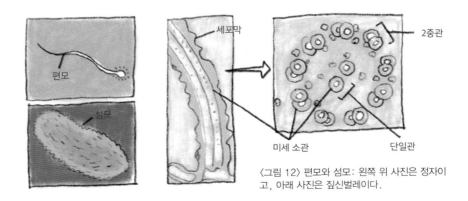

〈그림 12〉 편모와 섬모: 왼쪽 위 사진은 정자이고, 아래 사진은 짚신벌레이다.

고 소우주가 모여 이루어진 우리 몸이 유지되려면 무엇이 필요할까? 바로 물질과 에너지이다. 물질로부터 에너지가 나오고, 에너지를 이용해 물질을 만들므로 적어도 생명체에서는 이 둘이 같은 것이라고 보아도 된다. 따라서 세포는 끊임없이 필요한 물질을 주위 환경에서 얻어야 한다.

다음 장에서 세포, 더 나아가 생명체 유지에 필요한 물질 출입이 어떻게 일어나는지 살펴보자.

잘못은 우리 별에 있어

세포막을 통한 물질 출입

《잘못은 우리 별에 있어》는 2012년 미국의 작가 존 그린John Green이 펴낸 소설로, 2014년에는 〈안녕, 헤이즐〉이라는 제목의 영화로도 만들어졌다. 이 소설은 암에 걸린 청춘 남녀의 애틋한 사랑을 그렸다. 그런데 2016년, 이 소설의 두 주인공과 비슷한 상황이라 여겨져 많은 사람에게 감동을 준 청춘 부부가 모두 세상을 떠나는 가슴 아픈 일이 일어났다. 이 부부는 둘 다 태어날 때부터 '낭포성 섬유증'을 앓았다. 서로 시한부 환자임을 알면서도 사랑으로 힘든 시간을 견뎌냈던 두 사람의 운명이 너무나 안타깝다.

생명체에서 삼투의 중요성

생명체는 삼투에 의해 세포가 변형되는 것을 막기 위해 살아 있는 동안 끊임없이 체액의 삼투압을 일정하게 유지하려고 노력한다. 사람을 비롯한 동물에서 체액의 삼투압을 조절하는 대표적인 방법은 배설이며, 배설을 통해 몸 밖으로 내보내는 물의 양을 조절함으로써 삼투압을 일정하게 유지한다. 배설은 우리가 이 장에서 처음 이야기를 시작한 라면에 얼굴이 붓는 현상과도 관련이 깊다. 앞서 이야기했듯이 라면을 먹으면 혈장의 Na^+ 농도가 높아지고, 이로써 혈장의 삼투압도 높아진다.

이렇게 혈장의 삼투압이 높아지면 우리 몸은 특정 호르몬을 분비해 평소보다 오줌의 양을 줄여 몸 밖으로 물이 빠져나가는 것을 억제함으로써 혈장의 삼투압이 너무 높아지지 않도록 한다. 그리고 이렇게 되면 혈액의 양이 평소보다 늘어나 모세 혈관에서 조직으로 빠져나가는 물의 양이 많아지므로 얼굴을 붓게 하는 데 한몫하게 된다. 배설로 체액의 삼투압이 조절되는 과정은 다음에 더 자세히 살펴보자.

이 장에서 우리는 생명체에 가장 풍부한 물이 세포막을 통해 출입하는 현상인 삼투와 이 현상이 생명체에 왜 중요한지 살펴보았다. 두 장에 걸쳐 살펴본 세포막을 통한 물질 출입이 끊임없이 일어남으로써 세포는 생명 활동을 수행하고, 세포가 모여 구성된 우리는 생명을 유지할 수 있다. 이제부터는 생명체가 어떻게 물질을 얻고, 이 물질을 이용해 에너지를 얻는지 좀 더 깊이 살펴보겠다. 여러분이 지금 건강하게 살아 있는 이유, 지금 이 순간 이렇게 수준 높은 책을 읽으며 지적 유희를 즐길 수 있는 이유를 더 자세히 알 수 있다니 흥분되지 않는가?

3장

세포,
무엇으로
살까

세포는
무엇으로 사는가?

세포의 생명 활동에 필요한 에너지

자동차 엔진이 작동하는 데 필요한 연료는 기름이다. 보통 휘발유와 경유가 자동차 주행에 쓰이는데, 자동차 종류에 따라 기름 1L로 8km에서 25km 정도를 주행할 수 있다. 요즘 주목받고 있는 전기 자동차나 전기와 기름을 함께 사용하는 하이브리드 자동차는 연료 1L로 주행할 수 있는 거리가 이보다 조금 더 길다. 그런데 2018년 8월 일본에서 있었던 연비 경쟁 대회에서 고등학생들이 만든 자동차가 연료 1L로 291km를 주행할 수 있는 것으로 측정되어 이목을 집중시켰다. 물론 자동차의 형태나 부품 등이 안전이나 편안함보다는 연비에 집중되었기 때문에 실제로 이용하기에는 어려움이 있겠지만, 이와 별개로 연비가 높은 자동차를 개발하는 것은 자동차 업계에서 매우 중요한 이슈이다.

🌻 자동차 엔진은 기름을 먹고 세포는 ATP를 먹는다

자동차 내부에는 엔진이 있다. 자동차 엔진은 기름을 이용해 바퀴를 굴러가게 하고, 이것이 자동차를 움직이게 한다. 따라서 기름은 자동차가 정상적으로 기능하는 데 필요한 에너지라고 할 수 있다. 그렇다면 사람이 정상적으로 살아가는 데 필요한 에너지는 무엇일까? 우리는 밥, 빵과 같은 음식이 에너지라고 생각한다. 이는 틀린 말은 아니지만 그렇다고 아주 정확하다고도 할 수 없다. 사람의 몸을 구성하는 세포가 실제로 어떤 물질을 이용해 생명 현상을 유지하는지 알려면 좀 더 많은 설명이 뒤따라야 한다.

결론부터 말하면, 우리 몸을 구성하는 세포가 에너지를 얻기 위해 이용하는 물질은 ATP(Adenosine Tri Phosphate, 아데노신 3인산)이다. 이름 그대로 아데노신이라는 물질에 인산 덩어리가 3개 결합한 물질이다. 〈그림 1〉에서 보는 것처럼 아데닌과 리보오스가 결합한 것을 아데노신이라고 하는데, 거기에 산소와 인이 결합한 인산기가 3개 결합한 것이 ATP다.

ATP는 여러 원자가 복잡하게 연결되어 있는 화학 물질에 불과하다. 그런데 이 물질에서 인산기를 하나 떼어낼 때 에너지가 7.3kcal 발생한다. 에너지 7.3kcal는 물 1kg의 온도를 7.2℃나 상승시킬 수 있다. 세포는 ATP에서 인산기를 떼어내면서 발생하는 에너지를 이용하여 다양한 생명 활동을 수행한다. 따라서 자동차 엔진이 기름에서 에너지를 얻는다면, 세포는 ATP에서 에너지를 얻는다고 설명해야 한다.

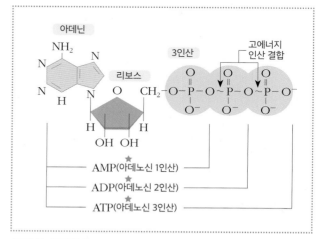

〈그림 1〉 ATP의 구조

✿ ATP를 얻기 위해 해야 할 일

앞서 사람에게 필요한 에너지가 음식이라는 설명은 충분하지는 않아도 틀린 것은 아니라고 했다. 왜냐하면 사람은 대부분 ATP를 얻으려고 음식을 섭취하기 때문이다. 다시 말하면 음식물에 들어 있는 에너지를 이용해서 ATP를 만든다고 할 수 있다.

음식물에 담긴 에너지를 이용해 ATP를 합성하려면 먼저 음식물 속 영양소를 작게 분해해야 하는데, 이 과정을 소화라고 한다. 소화는 입에서부터 대장까지 이어지는 소화 기관에서 담당한다. 작게 분해되어 흡수된 음식물은 세포로 전달되어 산소와 반응해서 완전히 분해되어야 그 속에 있던 에너지를 방출한다. 이것은 산소에 물질이 연소될 때 뜨거운 열과 같은 에너지가 방출되는 것과 유사한 면이 있다. 이 때문에 사람은 음식물 속 영양소뿐만 아니라 공기 중의 산소도 몸 안으로 흡수하여 이용해야 하는데 이 과정을 호흡이라고 한다. 호흡은 코부터 기관을 거쳐 폐로 이어지는 호흡 기관에서 담당한다. 이렇게 얻은 작은 영양소와 산소를 온몸의 세포로 공급해야 온몸의 세포에서 ATP를 만들 수 있다. 이때 영양소와 산소를 온몸으로 운반하는 역할은 심장, 혈관, 혈액이 담당한다. 이 역할을 충실하게 수행하기 위해 혈액은 심장의 펌프질로 혈관을 따라 온몸을 도는데, 이것을 순환이라고 한다.

자, 이제 재료가 다 준비되었다. 우리 몸의 세포는 이 재료(영양소, 산소)를 이용해 세포 호흡이라는 과정을 거쳐 ATP를 만든다. 그런데 우리가 요리할 때 부득이하게 음식물 쓰레기가 생기는 것처럼, 세포 호흡에서도 노폐물이 생긴다. 따라서 노폐물을 몸 밖으로 안전하게 내보내는 것 역시 ATP를 만드는 데 반드시 필요한 일이다. 이 과정을 배설이라고 한다.

요약하면 소화, 순환, 호흡, 배설 네 가지가 바로 세포가 ATP

✔ 생활 속 과학

우리가 음식물을 먹는 이유

우리가 먹는 음식물은 다름 아닌 다른 생물체이고, 생물체를 구성하는 물질인 영양소에는 에너지가 저장되어 있다. 우리가 음식물을 먹는 이유는 이 영양소를 이용하기 위한 것이다.

세포 호흡 용어설명

세포가 산소를 이용해 영양소를 분해함으로써 ATP를 만들어 생명 활동에 필요한 에너지를 얻는 과정이다.

를 얻는 데 필요한 과정이다. 이 네 가지 일을 정상적으로 해야만 우리 몸의 세포는 생명 현상을 유지하며 살아갈 수 있다. 이번 장에서는 소화, 순환, 호흡, 배설 과정을 차례로 알아보겠다.

🦠 호흡, 산소를 얻는 일

앞서 말한 것처럼 세포가 ATP를 합성하려면 영양소뿐만 아니라 산소도 필요하다. 영양소와 산소가 반응하여 ATP를 합성하는 세포 호흡 과정은 4장에서 좀 더 자세히 알아보겠다. 이번 장에서는 산소가 흡수되어 세포에 전달되는 과정에 주목해 보자.

〈그림 2〉에는 사람의 호흡 기관을 나타냈다. 산소가 포함된 공기는 코를 통해 폐의 폐포로 들어온다. 폐포는 그림에서 보듯이 모세 혈관으로 둘러싸여 있다. 폐포로 들어온 산소는 폐포를 둘러싼 모세 혈관으로 확산되어 혈액 속의 적혈구에 의해 운반된다. 〈그림 3〉은 폐포에서 일어나는 기체 교환의 원리를 나타냈다. 폐포를 둘러싸고 있는 모세 혈관의 산소 분압은 폐포로 들어온 공기 속의 산소 분압보다 낮기 때문에 산소는 자연스럽게

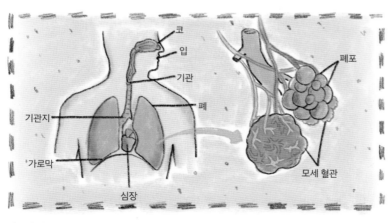

〈그림 2〉 사람의 호흡 기관

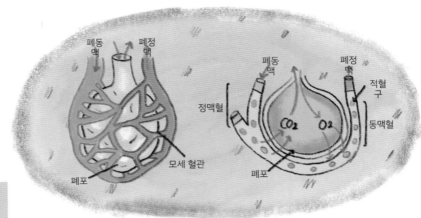

〈그림 3〉 폐포에서 일어나는 기체 교환

여러 기체가 섞여 있을 때 각각의 성분 기체가 나타내는 압력이다. 폐포와 모세 혈관 사이에서 산소와 이산화 탄소가 이동할 때 각 기체의 분압에 따라 압력이 높은 곳에서 낮은 곳으로 이동한다.

많은 쪽에서 적은 쪽으로 이동한다. 이산화 탄소는 산소와 반대로 모세 혈관에서 분압이 더 높기 때문에 모세 혈관에서 폐포 쪽으로 이동한다. 이것을 분압 차이에 따른 확산이라고 한다.

순환, 영양소와 산소 운반

소장에서 흡수된 영양소와 폐포에서 흡수된 산소는 온몸의 각 세포로 운반되어야 한다. 몸을 구성하는 모든 세포는 영양소와 산소를 이용하기 때문에 온몸 구석구석으로 연결된 이동 통로가 필요한데, 그 역할을 바로 혈관이 한다.

혈관의 출발지는 심장이라고 할 수 있다. 심장에서 시작하여 온몸을 지나 다시 심장으로 돌아오는 형태로, 혈관은 온몸에 분포한다. 이때 심장에서 온몸으로 이어진 혈관을 동맥, 반대로 온몸에서 다시 심장으로 이어진 혈관을 정맥이라고 한다. 동맥과 정맥 사이에서 실제로 세포와 물질을 교환하는 혈관은 모세 혈관이다. 이렇게 연결된 혈관을 따라 혈액이 순환하면서 폐에서는 산소를 얻고 소장에서는 영양소를 얻어 다른 모든 기관에 전달한다.

한 걸음 더

모세 혈관

모세 혈관은 혈관 벽이 얇아 물질 교환이 잘 일어난다.

🌀 네 사람은 모두 통풍 환자

이들 네 사람은 국왕이거나 물리학자이거나 생물학자이거나 철학자이지만, 공통적으로 통풍 환자였다. 이외에도 프랑스 국왕 루이 14세, 신성로마제국 황제 카를 5세, 독일의 문호 괴테 등 많은 사람이 통풍을 앓았다고 기록되어 있다.

통풍은 역사적으로 오래된 질환 중 하나다. '바람만 불어도 아프다'고 하여 통풍이라고 한다. 예전부터 기름지고 영양가 있는 음식을 많이 먹는 사람들이 잘 걸리는 병으로 알려져 있어 서양에서는 '왕의 병'으로 불리기도 했다. 통풍에 걸리면 관절 부위가 붓고 벌겋게 되며, 주로 엄지발가락에 가장 먼저 증상이 나타난다. 또한 관절의 염증으로 매우 심한 통증을 일으키는데, 처음에는 급성 발작처럼 통증이 발생한다. 이때 치료하지 않으면 보통 6개월에서 2년 사이에 두 번째 발작성 통증을 경험하는데, 발작 빈도가 점점 잦아지고 통증이 심해지며 만성 결절성 통풍으로 진행된다.

통풍 결절은 손가락이나 발가락 등에 생기는 울퉁불퉁한 덩어리 같은 것으로, 이 때문에 더 큰 장갑이나 구두가 필요하게 될 수도 있다. 루이 14세를 그린 초상화와 같은 명화를 감상하는 포인트 중에도 바로 이 통풍 결절로 발 크기보다 큰 구두를 신고 있는 모습이나 발 끝 부분을 흐릿하게 처리한 점 등이 있다고 한다.

통풍의 원인을 간단하게 요약하면, 콩팥의 기능이 떨어져 요산의 배설량이 줄어들거나 푸린 대사산물인 요산 결정체가 침착되는 것이라고 할 수 있다. 따라서 통풍은 요산 대사 과정에 어느 한 가지라도 이상이 있으면 나타나는 대사성 질환이다. 그런데 위에서도 언급했듯이 통풍은 생활 습관과 매우 밀접하게 관련되어 있다. 따라서 이번 장에서는 대사성 질환을 살펴보고, 대사성 질환과 생활 습관 사이에 어떤 관계가 있는지 알아보겠다.

한 걸음 더

루이 14세(1638~1715)

루이 14세는 프랑스 역사상 가장 유명한 전제 군주로 꼽힌다.

푸린
푸린(purine)은 피리미딘 고리와 이미다졸 고리가 접합된 형태의 복소 고리 화합물. 무색의 고체이며, 생체 속에는 그 유도체로 존재한다.

요산
요산은 포유류의 오줌에 들어 있는 유기산이다. 무색무취의 결정성 가루로 알칼리 수용액이나 글리세린에는 녹으나 알코올과 에테르에는 녹지 않는다.

🌸 대사성 질환

대사성 질환은 생체 내 물질대사 장애로 발생하는 질환을 총칭하는 말이다. 주요 대사성 질환으로는 당뇨병과 통풍 등이 있는데, 당뇨병은 당질 대사 이상으로, 통풍은 요산 대사 장애로 생기는 질병이다. 이외에도 페닐케톤뇨증, 고혈압, 고지혈증, 심장병 등이 대사성 질환에 속한다.

당뇨병은 신체 내에서 혈당 조절에 필요한 인슐린의 분비나 기능 장애로 발생된 고혈당을 특징으로 하는 대사성 질환이다. 당뇨병은 제1형 당뇨병과 제2형 당뇨병으로 구분할 수 있는데, 제2형 당뇨병은 인슐린 저항성과 이자의 세포 기능 저하가 함께 나타나는 것이 특징이다. 여기서 인슐린 저항성이란 혈액 내에 포도당 농도가 높을 때 세포가 인슐린의 명령에 반응하여 세포 내부로 포도당을 받아들여야 하는데 이 과정에 문제가 생긴 것을 뜻한다. 〈그림 1〉에서 보는 것처럼 세포막은 인슐린에 반응하여 포도당이 세포막을 통과할 수 있는 통로를 만들고, 그에 따라 혈액 내에 있던 포도당이 세포 내로 이동하여 혈당량이 감소하게 된다. 그런데 인슐린이 분비되어도 세포가 인슐린에 반응하지 못하

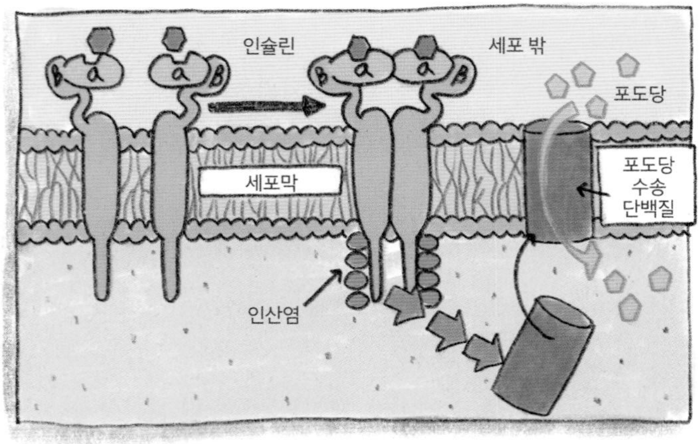

〈그림 1〉 인슐린에 의한 포도당 이동 과정

인슐린 / 세포 밖 / 포도당 / 세포막 / 포도당 수송 단백질 / 인산염

거나 매우 둔감하게 반응하여 분비되는 인슐린의 양에 비해 세포 내로 이동하는 포도당의 양이 현저하게 감소한다. 이 때문에 혈당량이 원활하게 조절되지 않음으로써 고혈당 상태가 만성적으로 지속되면서 신체 각 기관이 손상되고 기능이 저하된다. 특히 망막, 콩팥, 신경에 나타나는 미세 혈관 합병증과 동맥 경화, 심혈관, 뇌혈관 질환과 같은 거대 혈관 합병증이 생기는 것이 당뇨병의 일반적 증상이다.

페닐케톤뇨증은 단백질을 구성하는 아미노산 중 하나인 페닐알라닌을 분해하는 효소가 결핍되어 페닐알라닌이 정상적으로 분해되지 못해 발병하는 대사성 질환이다. 페닐케톤뇨증은 12번 염색체에 존재하는 페닐알라닌 수산화 효소 유전자의 이상으로 발병한다. 효소의 활성도는 유전자 이상의 종류에 따라 정도가 달라지는데, 1개 유전자에만 이상이 있으면 효소 활성에 큰 문제가 없지만 2개 유전자 모두 이상이 있으면 효소 활성에 큰 문제가 생겨 페닐알라닌 대사가 정상적으로 이루어지지 않는다.

페닐알라닌은 페닐알라닌 수산화 효소에 의해 티로신으로 분해되어야 하지만 효소가 부족하면 페닐피루브산을 거쳐 최종적으로 페닐케톤 형태가 되어 체내에 쌓이고 소변을 통해 일부가 검출되기도 한다.

태어날 때는 기형도 없고 특별하게 나타나는 증상도 없지만 점점 모유나 분유를 먹는 양이 줄어들고 잘 토하며, 피부에 습진이 생기고, 특히 모발이 연한 갈색을 띠는 것이 특징이다. 치료가 늦어져 생후 1년이 되어도 치료를 받지 못하면 IQ가 50 미만으로 떨어지고 잘 걷지 못하게 되는 등 여러 증상이 나타난다.

최근에는 태아 시기에 선천성 대사 이상 선별 검사를 실시해 대부분 진단할 수 있기 때문에 출생 직후부터 치료받을 수 있고, 이에 따른 증상이 발생하는 경우는 매우 드물다. 하지만 일생 동안 페닐알라닌의 체내 농도를 일정하게 유지하면서 다른 아미노

생활 속 과학

페닐케톤뇨

티로신
티로신(tyrosine)은 단백질을 구성하는 방향족 아미노산의 하나로 무색의 고체이다.

페닐알라닌
페닐알라닌(phenylalanine)은 필수 아미노산의 하나. 무색의 고체로, 물에 조금 녹고 알코올에는 거의 녹지 않는다. 달걀, 우유 따위에 있는 단백질에 2~5% 들어 있다.

산 섭취에 문제가 없도록 식이요법을 병행해야 하므로 정상적으로 생활하려면 꾸준히 노력해야 한다.

🦠 대사성 질환과 우리의 생활

앞서 살펴본 제2형 당뇨병은 성인 당뇨병이라고도 한다. 제1형 당뇨병이 유전적 요인에 따라 주로 어린 시기에 발병하여 소아 당뇨병이라고 하는 데 비하여 제2형 당뇨병은 45세 이상 성인에게서 주로 발병하기 때문이다. 하지만 최근에는 30세 이하에서도 제2형 당뇨병 발병률이 높아지고 있다고 한다. 이러한 현상은 현대인의 달라진 생활 습관이 주요 원인이라 볼 수 있는데 과식, 운동 부족 등이 그러한 습관에 해당한다. 특히 비만이 대사성 질환을 일으키는 매우 중요한 요인으로 알려져 있다.

비만 또는 비만을 일으키는 지방은 제2형 당뇨병을 유발하는 인슐린 저항성에 직접 영향을 미친다고 한다. 특히 피하 지방보다는 내장 지방이 인슐린 저항성을 더 높이는 것으로 알려져 있다. 이 때문에 내장 지방으로 인한 복부 비만은 인슐린 저항성을 추

✅ 더 알아보기

복부 비만
복부 비만은 배에 지방이 과도하게 축적된 상태를 말한다. 체내 지방은 피하 지방과 내장 지방으로 나눌 수 있는데, 내장 지방(체내 장기를 둘러싸고 있는 체강 내에 축적되는 지방) 축적이 심할 경우 건강 위험률이 높아지며 내장 비만을 복부 비만과 같은 용어로 사용하기도 한다.

- 2050년도에는 당뇨병 환자 수를 약 600만 명으로 추정
- 2010년 기준 183% 증가한 수치이므로 향후 40년간 약 2배 증가 예상

산출 방식
2010년 성별, 연령별(10세 단위) 유병률을 기준으로 해당 연도 인구수(추정치)에 곱하여 산출

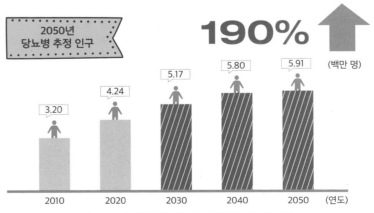

〈그림 2〉 2050년 당뇨병 추정 인구(대한당뇨병학회)

정하는 자료로 활용되기도 하는데, 한국인의 경우 복부 둘레가 남성은 90cm, 여성은 80cm일 때 복부 비만으로 판단하는 기준이 마련되어 있다.

지금까지 한 이야기를 종합해 보면, 통풍이나 당뇨병 같은 대사성 질환의 원인은 비만과 같은 잘못된 식습관과 생활 습관으로 귀결됨을 알 수 있다. 따라서 당뇨병이나 통풍 같은 대사성 질환을 예방하거나 치료하려면 반드시 올바른 식습관과 생활 습관을 형성해야 한다. 페닐케톤뇨증은 유전적 요인으로 발병하므로 생활 습관의 변화로 질병을 예방할 수는 없지만, 치료에 식이 요법과 운동 요법이 반드시 필요한 것은 마찬가지이다. 우리의 식문화와 생활 문화가 이전과 많이 달라져 개인의 노력만으로는 건강한 습관을 유지하기가 쉽지 않지만, 그럼에도 자신의 신체 상태에 항상 관심을 갖고 건강한 상태를 유지하려고 지속적으로 노력해야 한다.

🦠 BMI 지수와 우리의 건강

최근 비만과 같은 요인이 대사성 질환, 다른 표현으로 '성인병'으로 분류되는 심장·심혈관 질환과 같은 질병의 원인이 된다는 인식이 널리 퍼지고 있다. 특히 다이어트 열풍 등과 같은 사회 현상과 맞물려 많은 사람이 날씬한 몸을 만들기 위해 운동을 하고 식단을 조절한다.

이런 현상 속에서 비만을 측정하는 기준으로 가장 일반적인 것이 체질량 지수BMI이다. 이 지수에 대해 한번쯤 들어보았거나 자기 체중과 신장을 이용하여 값을 측정해 보았을 것이다. 병원 대기실 같은 곳에 측정 방법과 기준표가 붙어 있기도 하고, 학교 보건실 입구 옆에 붙어 있는 경우도 많다. BMI 지수 기준으로 23

BMI 지수란? 체중(kg)/신장(cm)X신장(cm)

BMI 지수에 따른 비만도 평가

0   18.6   22.9   30

저체중   정상   과체중   비만   고도 차원

〈그림 3〉 BMI 지수

체질량 지수
체질량 지수(BMI, Body
Mass Index)는 몸무게(kg)
를 키(m)의 제곱으로 나눠
서 얻은 값이다.

이상이면 과체중, 25 이상이면 경도 비만, 30 이상은 고도 비만으로 분류된다. 이에 따라 전문가들은 BMI 지수가 23만 되어도 주의해야 하고, 25를 넘으면 각종 질환에 걸릴 위험성과 사망 위험이 1.5~2배 높다고 경고해 왔다.

하지만 BMI 지수가 주로 서양인을 대상으로 연구된 결과이기 때문에 한국인을 비롯한 동아시아인에게는 조금 다른 기준이 적용되어야 한다는 연구가 있다. 한국인의 BMI 지수를 조사한 결과, BMI 지수가 22.6~27.5일 때 사망할 확률이 가장 낮았다. 이는 과체중으로 분류되는 사람부터 비만에 속하는 사람에 해당하는 범위이다. 기존의 BMI 지수 기준으로 봤을 때 약간 뚱뚱한 사람이 더 오래 사는 셈이다.

오른쪽 표는 BMI 지수에 따라 한국인을 비롯한 동아시아인의 사망 위험도를 조사한 결과이다. 서울대학교 예방의학교실 연구팀 주도로 진행된 이 연구는 한국과 일본, 중국 등 7개국을 대상으로 하였으며, 한국인 2만 명을 포함하여 114만 명에 이르는 사람들을 평균 9.2년 동안 추적 조사한 것이다.

이 결과에 따르면 32.6보다 높을 경우 1.5배 이상 사망률을 보임을 알 수 있다. 이는 우리가 알고 있는 것과 유사한 결과이다. 하지만 과체중과 경도 비만에 속하는 사람들이 정상 범위에 속하는 사람들보다 다소 낮은 사망률을 보이는 것에 주목하여, 서양인과 동양인이 체질적으로 다소 차이가 있음을 꼭 기억해야 한다.

비만 정도	BMI 지수	사망 위험도
저체중	15.0 이하	2.76
	15.1~17.5	1.84
저체중~정상	17.6~20.0	1.35
정상	20.1~22.5	1.09
정상~과체중	22.6~25.0	1
경도 비만	25.1~27.5	0.98
	27.6~30.0	1.07
고도 비만	30.1~32.5	1.2
	32.6~35.0	1.5
	35.1~50.0	1.49

　이 표에서 특히 주목해야 할 점은 BMI 지수가 15 이하인 사람들의 사망률이다. 그 값이 2.76으로, BMI 지수 35.1~50.0에 해당하는 사람들보다 훨씬 높은 사망률을 기록하였다. 또 15.1~20.0에 해당하는 비교적 정상 범위에 가까운 저체중의 경우에도 비만에 비해 다소 높은 사망률을 기록했다.

　이런 점들을 유념하여 최근 사회 전반에 퍼져 있는 비만에 대한 인식이나 정상 체중에 대한 인식이 다소 잘못되어 있지는 않은지 돌아볼 필요가 있다. 비만을 경계하는 태도도 중요하지만 행여 우리가 지나치게 날씬한 몸매만 추구하지는 않는지, BMI 지수와 같이 우리에게 다소 적합하지 않을 수 있는 숫자에 집착하지는 않는지 말이다. 이번 장과 지난 장에서 우리는 생명 유지에 필요한 에너지를 만들기 위한 과정과 그 과정에서 발생할 수 있는 대사성 질환에 대해 알아보았다. 체내에서 ATP를 생성하기 위한 일련의 과정은 모두 일종의 '화학 반응'인데, 이 반응에 가장 중요한 역할을 하는 것을 '효소'라고 한다. 다음 장에서는 효소의 작용에 대해 알아보자.

투명한 병에 담긴
투명한 사과 음료

효소의 작용

편의점 음료 코너에 진열된 다양한 과일 음료, 그중 투명한
음료병과 불투명한 음료병의 차이는 무엇일까?

🦠 효소와 기질, 우린 서로 만나야만 해!

앞 장에서 우리는 효소가 어떤 일을 하는지 알아보았다. 과일 음료를 만들 때에도 쓰이고 세제를 만들 때에도 쓰이는 등 효소가 우리 생활 속에서 다양하게 쓰임을 알 수 있었다. 하지만 무엇보다 중요한 효소의 기능은 체내에서 물질대사가 일어날 수 있게 하는 것이었다. 생명을 유지하려면 반드시 필요한 물질이 바로 효소이다.

그렇다면 효소가 체내에서 일어나는 화학 반응을 돕기 위해서 갖추어야 할 조건 중 가장 중요한 것은 무엇일까? 그것은 바로 효소가 화학 반응에 참여할 반응물(기질)과 만나는 일이다. 요즘에는 과학 기술이 매우 발전해서 서로 만나지 않고도 많은 일을 할 수 있지만, 불과 십몇 년 전만 하더라도 어떤 일이 진행되려면 사람과 사람이 꼭 만나야만 했듯이 효소도 기질과 만나야만 그 기질의 화학 반응을 도울 수 있다.

따라서 효소의 기능을 자세히 알아보는 것은 곧 효소가 기질과 어떻게 만나는지, 언제 잘 만나는지와 같은 것을 알아보는 것과 같다. 이번 장에서는 효소가 기질과 만나는 방법, 잘 만나기 위한 조건 등을 알아보면서 효소의 구조와 기능을 자세히 탐구해 보자.

🦠 효소의 기질 특이성과 효소-기질 복합체

효소와 기질은 서로 만나 결합해야만 반응이 일어난다. 그런데 효소와 기질은 사람이 처음 누군가를 소개받아 만날 때처럼 "몇 시에 어디서 만나요.", "저는 짧은 머리에 청바지를 입고 있어요."처럼 서로 알아볼 수 있게 해 주는 메시지를 주고받

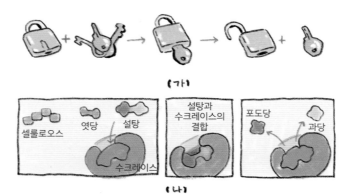

〈그림 1〉 효소가 작용하는 방식

을 수 없다. 그렇다면 효소와 기질은 어떻게 만날 수 있을까?

서로 만나 반응을 일으킬 수 있는 효소와 기질은 〈그림 1〉에서 보듯이 마치 열쇠와 자물쇠의 관계처럼 서로 결합하기에 알맞은 구조를 갖고 있다. 그래서 서로 결합할 수 있는 구조를 가진 효소와 기질이 부딪치면 결합하여 반응이 일어난다. 그림에서 셀룰로오스와 엿당은 수크레이스라는 효소에 가까이 왔어도 구조가 맞지 않아서 결합하지 못하는 반면, 설탕은 수크레이스와 결합할 수 있는 구조이기 때문에 결합한 뒤 포도당과 과당으로 분해되는 것을 볼 수 있다.

이때 설탕과 수크레이스가 결합한 형태를 '효소-기질 복합체'라고 한다. 효소-기질 복합체는 말 그대로 효소와 기질이 결합한 상태를 말한다. 이와 같이 효소와 기질의 구조적 특성으로 특정 효소가 특정 기질과만 결합하여 반응을 촉매할 수 있는 효소의 특성을 '기질 특이성'이라고 한다. 효소는 이러한 기질 특이성 때문에 특정 기질에만 작용하며, 생물체 내에서 일어나는 매우 많은 종류의 물질대사에는 그에 적합한 효소가 각각 존재한다. 따라서 생명체는 효소의 농도를 스스로 조절함으로써

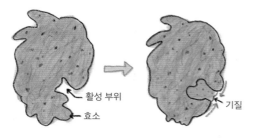

〈그림 2〉 효소의 활성 부위

합하기 때문에 기질의 농도가 매우 높으면 저해 효과가 현저히 낮아진다. 반면 비경쟁적 저해제는 활성 부위가 아니라 특정 부위에 결합하기 때문에 기질의 농도와 관계없이 효소의 기능을 저해할 수 있다.

〈그림 7〉은 경쟁적 저해제와 비경쟁적 저해제를 처리했을 때 기질 농도에 따른 초기 반응 속도를 나타낸 그래프이다. 경쟁적 저해제를 처리한 경우에는 기질의 농도가 낮을 때 저해 효과가 크게 나타나다가 농도가 높아지면 저해 효과가 거의 없어진다. 반면 비경쟁적 저해제를 처리했을 때는 기질 농도가 높아져도 저해 효과가 지속되는 것을 볼 수 있다.

저해제는 고혈압이나 당뇨 등 질병을 치료하는 약물의 성분으로 쓰이는 경우가 많다. 약물은 체내에서 물질대사가 원활하게 일어나지 않아 발생하는 질병을 치료하기 위해 효소의 작용을 촉진하기도 하고, 반대로 비정상적인 물질대사를 억제하기 위해 효소의 작용을 억제하기도 하는데, 이때 효소의 작용을 억제하는 물질로 저해제를 첨가한 약물을 사용한다.

앞 장과 이 장에서 우리는 효소에 대해 알아보았다. 효소 발견 역사와 일상생활에서 쓰임뿐만 아니라 효소의 구조와 기능에 관한 상세한 설명에서 효소라는 것이 무엇이고, 생명체 내에서 어떤 기능을 하는지 알 수 있었다. 다음 장에서는 효소가 이용되는 가장 대표적 물질대사인 광합성과 세포 호흡 이야기를 하겠다. 이로써 생명체 내에서 효소가 하는 구체적인 일을 알아보자.

4장

세 포,
에너지를
확보하라!

생명의 불꽃 효소

효소와 물질대사

Dr. Edward Howell

에드워드 호웰(1898~1988): 미국의 효소 치료의 선구자

효소는 우리 몸을 건강하게 하고 활력 있게 만들어 주는 삶의 결정
체이다. 효소가 없으면 우리 몸은 음식을 섭취해도 영양분을 얻을
수 없다. 효소는 단백질, 탄수화물, 지방을 우리 몸에서 제대로 활동
할 수 있도록 해 준다.

🦠 효소와 물질대사

앞 장에서 우리는 효소에 대해 알아보았다. 그중 효소의 기능을 한 문장으로 줄이면 '효소는 우리 몸에서 화학 반응이 잘 일어나게 해 주는 물질'이라고 할 수 있다. 그런데 효소의 작용은 생각보다 꽤 복잡하고 다양하여 차근차근 깊이 공부하지 않으면 정확하게 이해하기 어렵다. 이 때문에 발효 효소 관리사와 같이 효소를 전문적으로 이용할 수 있는 자격 같은 것도 있다. 그래서 이 장에서는 생명체 내에서 과연 어떤 화학 반응이 일어나는지 알아보고, 효소와 생명 현상의 관계를 좀 더 깊이 이해해 보겠다.

물질대사는 생물체 내에서 일어나는 물질의 분해나 합성 같은 모든 물질적 변화를 일컫는다. 생물은 생명을 유지하기 위해 외부에서 물질을 받아들이고, 그것을 다른 물질로 변환하며, 그 과정에서 발생하는 노폐물을 밖으로 내보내는 일을 끊임없이 한다. 이 과정에서 일어나는 물질의 화학적 변화를 모두 물질대사라고 한다.

생명체 내에서 일어나는 화학 반응은 매우 많지만, 이 모든 것을 크게 두 부류로 나눌 수 있다. 첫 번째는 간단한 물질을 복잡한 물질로 합성하는 과정이고, 두 번째는 복잡한 물질을 간단한 물질로 분해하는 과정이다. 첫 번째를 동화 작용이라고 하고, 두 번째를 이화 작용이라고 한다. 녹색식물이 이산화 탄소와 태양 에너지를 이용해 고분자 화합물인 녹말을 만드는 과정은 동화 작용의 대표적인 예이다. 반대로 사람이 섭취한 단백질, 지방 등의 영양소가 소화 작용에 따라 아미노산이나 지질 등으로 분해되는 것은 이화 작용이다. 동화 작용은 저분자 물질을 고분자 물질로 전환하는 과정이다. 이 과정이 정상적으로 일어나려면 외부로부터 에너지를 흡수해야 한다. 반면 이화 작용은 고분자 물질을 저분자 물질로 전환하는 과정이다. 이때에는 고분자 물질이 가

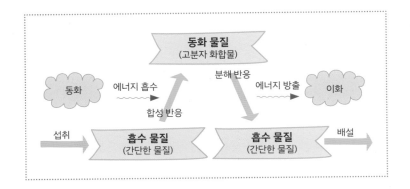

지고 있던 에너지가 외부로 방출된다. 〈그림 1〉에서 볼 수 있는 것처럼 물질대사에서는 반드시 에너지 출입이 일어난다. 이 때문에 물질대사를 다른 말로 에너지 대사라고도 한다. 이로써 물질대사의 반응물과 생성물에는 에너지 차이가 발생한다. 동화 작용의 경우 에너지를 흡수하기 때문에 반응물보다 생성물이 더 많은 에너지를 갖게 되고, 이화 작용의 경우 동화 작용과 반대로 반응물이 에너지를 방출해 더 적은 에너지를 갖는 생성물이 된다.

효소는 물질대사 과정을 단계별로 조절하여 에너지 출입이 한번에 일어나지 않고 단계적으로 진행될 수 있게 한다. 따라서 체온에 큰 변화 없이 생명체 내에서 물질대사가 원활하게 일어날 수 있다.

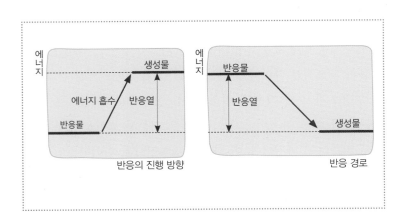

동화 작용의 대표, 광합성

녹색 식물이 빛에너지를 이용하여 물과 이산화 탄소에서 녹말을 합성하는 과정을 광합성이라고 한다. 광합성은 물이나 이산화 탄소와 같이 작은 분자를 포도당 같은 큰 분자로 합성한다는 점에서 대표적인 동화 작용이라고 할 수 있다.

광합성은 매우 복잡한 단계를 거쳐 일어나며, 그 과정에 관여하는 효소도 다양하다. 따라서 우리는 다음 장에서 광합성 과정을 천천히 하나하나 톺아볼 예정이다. 그에 앞서 이 장에서는 광합성이 일어나는 장소인 엽록체에 대해 알아보자.

엽록체는 식물 세포 내에 존재하는 세포 내 소기관이다. 외막과 내막으로 둘러싸인 2중막 구조이며, 내부는 틸라코이드라는 막으로 형성된 구조가 복잡하게 얽혀 있다. 틸라코이드가 쌓여 마치 동전이 겹겹이 쌓인 것처럼 보이는 구조를 그라나라고 하며, 엽록체 내에서 그라나를 제외한 부분을 스트로마라고 한다. 틸라코이드 막에는 광합성 색소인 엽록소a, 엽록소b 등이 존재하기 때문에 엽록체는 우리 눈에 녹색으로 보인다. 이외에도 틸라코이드 막과 내부 그리고 스트로마에는 광합성에 관여하는 다양한 효소가 존재하며, 광합성이란 이 효소들이 관여하는 화학 반응의 총체이다.

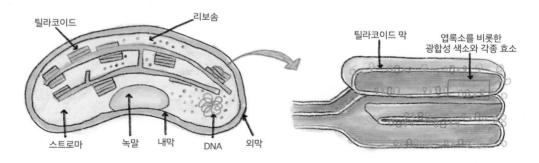

〈그림 3〉 엽록체의 구조

🦠 이화 작용의 대표, 세포 호흡

　세포가 생명 활동을 하려면 에너지가 필요하다. 하지만 세포는 포도당이나 아미노산과 같은 영양소를 분해하는 과정에서 발생하는 에너지를 직접 이용할 수 없다. 이 때문에 생명체는 영양소에 들어 있는 에너지를 세포가 직접 이용할 수 있는 형태의 에너지로 전환해야 한다. 이 과정을 세포 호흡이라고 한다. 세포 호흡은 세포가 흡수한 포도당이나 아미노산과 같은 영양소를 분해하여 물과 이산화 탄소와 같이 더 작은 물질로 만들면서 그 속에 저장되어 있던 에너지를 꺼내는 과정이기 때문에 이화 작용이라고 할 수 있다.

　세포가 직접 이용할 수 있는 에너지는 ATP라는 물질이 분해될 때 방출하는 에너지이다. ATP는 Adenosine Tri Phosphate의 줄임말로, 아데닌과 리보오스에 인산 3분자가 결합되어 있는 물질이다. 인산과 인산 사이의 결합에는 일반적인 화학 결합보다 많은 에너지가 포함되어 있는데, 세포는 이 결합이 끊어질 때 나오는 에너지를 생명 활동에 직접 활용할 수 있다. 그래서 생명체는 세포 호흡으로 ATP를 미리 만들어 두고 필요할 때 사용하여 생명 활동을 한다. 세포 호흡이 일어나는 세포 내 소기관은 미토콘드리아다. 〈그림 5〉에서 볼 수 있듯이, 미토콘드리아는 엽록체와 마찬가지로 외막과 내막의 2중막으로 둘러싸여 있다. 내막은 마치 미로처럼 구불구불 복잡하게 생겼는데, 이러한 형태를 크리

〈그림 4〉 ATP의 구조

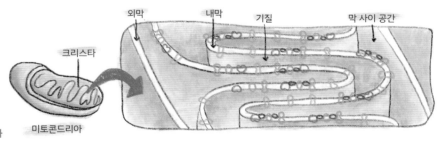

〈그림 5〉 미토콘드리아 내부 구조

스타 구조라고 한다. 내막의 내부는 기질matrix이라고 한다.

미토콘드리아에는 엽록체와 마찬가지로 물질대사에 필요한 다양한 효소가 있다. 특히 복잡하게 발달한 내막에 세포 호흡에 필요한 핵심 효소가 존재하며, 내막을 중심으로 한 여러 화학 반응의 총체가 영양소로부터 ATP를 얻는 세포 호흡이 된다.

광합성과 세포 호흡의 관계

광합성과 세포 호흡은 상반된 물질대사라기보다는 하나로 연결된 유기적 반응에 가깝다. 광합성 과정에서 식물은 물과 이산화 탄소를 흡수하여 포도당을 합성하고 산소를 방출하는데, 이 포도당과 산소가 세포 호흡의 재료가 된다. 식물이나 동물의 세포가 포도당과 산소를 이용하여 세포 호흡을 하면 ATP가 합성되고 이산화 탄소와 물을 방출한다. 이 과정에서 생태계 외부에서 유입된 빛에너지가 생물체 내에 화학 에너지 형태로 저장되었다가 생명 활동에 이용되며, 다시 열에너지 형태로 생태계 외부로 빠져나간다고 볼 수 있다. 따라서 광합성과 세포 호흡은 유기적으로 연결되어 생태계의 에너지 흐름과 물질 순환 과정의 중심축을 담당하는 물질대사이다. 다음 장에서는 태양 에너지가 생명의 근원이 되는 과정인 광합성을 알아보자.

태양 에너지가 생명의 근원이 되는 과정

광합성

치아미치안(Ciamician Giacomo Luigi, 1857~1922): 이탈리아의 광화학자

"인류는 100년 안에 식물의 광합성 과정의 비밀을 알아낸 뒤 건조한 사막 지대 여기저기에서 식물보다 더 높은 효율로 물질과 에너지들을 생산하게 될 것이다. 태양 에너지를 이용하는 문명이 화석 연료를 이용하는 문명보다 인류를 더 행복하게 해 줄 것이다."

🦠 인공 광합성

만약 사람이 광합성을 할 수 있다면 어떤 일이 일어날지 상상해 본 적이 있는가? 밥을 먹지 않아도 된다거나, 배는 고플 테니 먹기는 해야 하지만 먹지 않아도 죽지 않는다거나, 사람 몸이 온통 초록색이 되어야 한다거나 하는 생각이 아마 그 상상에 이어지는 그림일 것이다. 그렇다면 과학을 연구하는 사람들에게는 그런 상상이 어떤 그림으로 이어졌을까? 1912년 이탈리아의 광화학자 치아미치안이 인공 광합성의 미래를 예언한 이후 100년이 지난 지금, 그 상상은 정말로 현실이 되어 가고 있다. 인공 광합성 연구는 '21세기판 연금술'이라 불리며 현재 전 세계적 연구 주제가 되었다. 우리나라에서는 2009년 '기후변화대응기술개발사업'이라는 이름의 인공 광합성 연구를 국가 과제로 채택하였으며, 미국에서는 인공 광합성 공동 연구 센터JCAP를 설립하고 연간 178억 원에 달하는 연구 예산을 투입하고 있다. 버락 오바마 전 미국 대통령은 2011년 국정 연설에서 'JCAP의 인공 광합성 연구는 우리 시대의 아폴로 프로젝트'라고 평가하였다.

현재 연구가 진행되는 인공 광합성을 구체적으로 분석하면 그 종류와 방법이 매우 다양하지만 기본적인 개념은 〈그림 1〉과 같다. 식물이 태양에서 얻는 에너지를 이용하여 이산화 탄소를 복

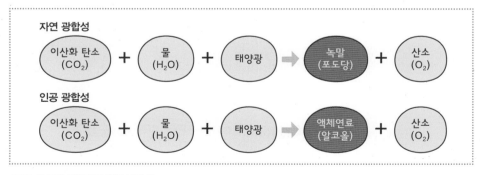

〈그림 1〉 자연 광합성과 인공 광합성

잡한 탄소 화합물인 녹말로 합성하는 것과 같이 인공 광합성 역시 태양 에너지를 이용하여 이산화 탄소를 알코올 등의 탄소 화합물로 합성하는 것이다. 초기 연구에서는 메테인(CH_4)과 같은 기체를 합성하는 수준에 그쳤지만 현재는 메테인보다 복잡한 화합물인 에탄올(C_2H_5OH)과 같은 액체를 합성하는 단계까지 발전하였다. 비록 아직까지 이산화 탄소를 이용하여 포도당($C_6H_{12}O_6$)을 직접 합성하는 수준까지 도달하지는 못하였지만, 식물이 현재와 같은 광합성 과정까지 진화해 온 오랜 역사에 비한다면, 인간의 인공 광합성 연구는 놀라운 성과임이 틀림없다. 그렇다면 지금부터는 광합성의 전 과정을 차례로 살펴보면서 인공 광합성이 어떤 부분에서 더 발전해야 하는지 알아보자.

🦠 광합성의 전 과정

광합성은 식물 세포에 있는 엽록체에서 일어나는 물질대사이며, 전 과정을 명반응과 탄소 고정 반응 두 단계로 구분할 수 있다. 명반응은 빛이 있어야만 진행되는 반응이고, 탄소 고정 반응

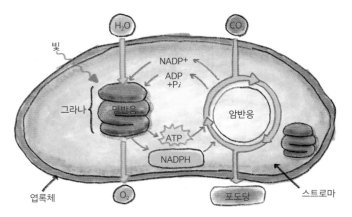

〈그림 2〉 광합성의 전 과정

은 빛이 없을 때도 진행될 수 있는 반응이다. 때문에 탄소 고정 반응은 암반응이라고 불리기도 한다. 명반응은 빛을 이용하여 물을 분해하는 과정이고, 탄소 고정 반응은 이산화 탄소를 고정하여 포도당을 합성하는 과정이다. 명반응으로 물이 분해되면서 생성되는 물질이 탄소 고정 반응의 재료로 쓰이기 때문에 명반응이 먼저 일어나야만 탄소 고정 반응이 일어날 수 있다.

☑ 한 걸음 더

포도당 합성

이산화 탄소를 이용해 포도당을 합성하는 과정에 에너지와 수소(전자)가 필요한데(포도당에는 CO_2에 없는 H가 있으므로), 에너지는 ATP 형태로, 수소(전자)는 NADPH 형태로 암반응에 공급한다.

명반응

명반응은 엽록체 내부에 있는 틸라코이드 막에서 일어나는 반응이다. 명반응의 목적은 ATP와 NADPH를 합성하여 암반응 과정에 제공하는 것이다. 이때 빛이 필요하며 물(H_2O)이 재료로 사용되고 산소 기체(O_2)가 발생한다. 이 과정은 모두 틸라코이드 막에 있는 '광계 I(Photosystem I)', '광계 II(Photosystem II)'로 불리는 일련의 전자 전달 체계에서 진행된다.

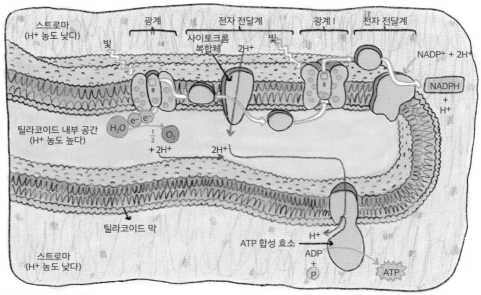

〈그림 3〉 명반응 과정

〈그림 3〉에서 볼 수 있듯이 틸라코이드 막으로 들어온 빛은 물을 분해하고, 물이 분해되면서 나오는 전자(e⁻)는 광계 II와 광계 I 그리고 전자 전달 과정을 거쳐 NADPH를 합성하는 데 이용된다. 또한 이 과정에서 전자의 움직임으로 발생하는 에너지를 이용하여 ADP를 ATP로 전환한다. 그리고 물이 분해되면서 나오는 산소 기체는 잎 밖으로 방출된다. 이 과정을 명반응이라 하며, 물을 분해하는 과정을 '물의 광분해', 전자가 이동하는 과정에서 발생하는 에너지를 이용하여 ATP를 생성하는 과정을 '광 인산화' 과정으로 구분한다.

물의 광분해

물의 광분해는 빛에 물이 분해되어 수소 이온(H⁺), 전자(e⁻), 산소(O₂)가 생성되는 과정이다.

$$H_2O \rightarrow 2H^+ + 2e^- + 1/2O_2$$

물의 광분해 과정을 밝혀낸 주요 실험에는 힐의 실험과 루벤의 실험이 있다. 1939년에 로빈 힐Robin Hill은 세포에서 채취한 엽록체에 빛을 비추면 산소가 많이 발생하지 않지만, 옥살산 철(III)을 첨가하여 빛을 쬐면 산소가 충분히 발생한다는 사실을 확인

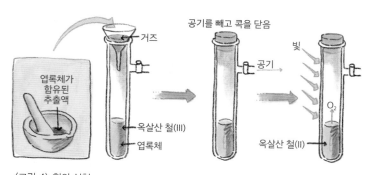

〈그림 4〉 힐의 실험

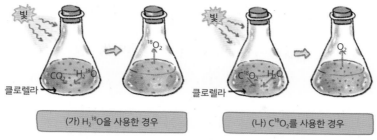

(가) $H_2^{18}O$을 사용한 경우   (나) $C^{18}O_2$를 사용한 경우

〈그림 5〉 루벤의 실험

하였다. 또 이 과정에서 힐은 옥살산 철(Ⅲ)이 옥살산 철(Ⅱ)로 환원되는 것을 발견하고 식물체 내에도 옥살산 철과 같이 전자 수용체 역할을 하는 물질이 있을 거라고 예상하였다. 이후에 $NADP^+$가 옥살산 철(Ⅲ)과 같이 전자 수용체 역할을 하여 NADPH가 생성된다는 것이 밝혀졌다.

힐의 실험 이후 루벤은 광합성 과정에서 나오는 산소가 물을 분해하여 발생했다고 밝혔다. 루벤은 클로렐라 배양액이 든 플라스크 (가)에는 ^{18}O로 표지된 물($H_2^{18}O$)과 이산화 탄소(CO_2)를, 플라스크 (나)에는 물(H_2O)과 ^{18}O로 표지된 이산화 탄소($C^{18}O_2$)를 넣고 빛을 비춘 후 발생하는 산소를 분석하였다. (가)에서는 $^{18}O_2$가, (나)에서는 O_2가 발생하는 것을 확인하고 광합성 과정에서 방출되는 산소 기체가 물에서 유래했음을 증명했다. 힐과 루벤의 실험으로 물이 분해되어 전자와 산소가 발생한다는 사실이 밝혀지기 전까지는 이산화 탄소가 분해되어 포도당과 산소가 만들어진다고 생각해 왔기 때문에 힐과 루벤의 실험은 광합성의 명반응 중 물의 광분해 과정을 명확하게 밝히는 계기가 되었다.

광 인산화

물의 광분해로 발생한 전자는 틸라코이드 막에 있는 광계Ⅱ의 반응중심색소(P680)로 전달된다. 광계는 엽록소와 단백질로 구

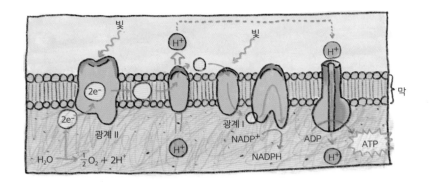

〈그림 6〉 광 인산화 과정

성되어 있는데, 빛에너지를 흡수하여 물의 광분해로 얻은 전자를 고에너지 상태로 만들고 이동시키는 역할을 한다. 고에너지 상태의 전자는 광계 II에서 시작하여 전자 전달 과정을 따라 이동하고, 이 과정에서 전자에서 방출되는 에너지를 활용하여 ADP와 인산을 결합시켜 ATP를 합성하는데, 이 과정을 광 인산화 과정이라고 한다. 광 인산화 과정은 전자의 이동 경로에 따라 비순환적 전자 흐름과 순환적 전자 흐름으로 구분한다. 비순환적 전자 흐름은 물이 분해되면서 발생한 전자가 광계 II, 전자 전달계, 광계 I을 차례로 거쳐 가는 동안 발생하는 에너지를 이용하여 ATP를 합성하는 과정이다. 광합성이 활발하게 일어나는 엽록체의 광 인산화는 대부분 비순환적 광 인산화이다.

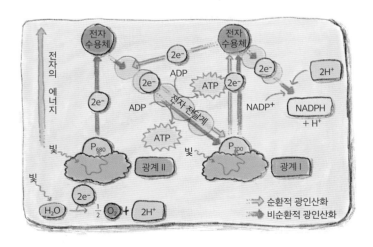

〈그림 7〉 비순환적 광 인산화와 순환적 광 인산화

삶과 죽음을 가르는 4분

최근 사회 전반에 걸쳐 심폐 소생술의 중요성이 부각되고 관련 법률이 개정되면서 학교나 공공 기관 등에서 심폐 소생술 교육을 해마다 실시하고 있다. 심폐 소생술을 교육받은 경험이 있는 사람이 점차 늘고 있으며, 심폐소생협회 통계에 따르면 심정지 환자 생존율이 2% 정도에 불과했던 2000년에 비해 2015년에는 7.6%까지 향상되었다고 한다. 지금처럼 지속적으로 심폐 소생술 교육이 이어진다면 앞으로 심정지 환자의 생존율은 더 높아질 것이다.

심폐 소생술 교육을 받아본 사람이라면 심폐 소생술의 골든 타임이 4분이라는 말을 들어보았을 것이다. 4분 안에 심폐 소생술을 시행하면 생존율이 50% 이상이라는 통계가 있으며, 4분에서 5분 사이에 시행하면 25%, 5분 이후에 시행하면 아주 낮은 확률로 생존한다고 한다. 그렇다면 왜 골든 타임이 4분일까? 왜 4분 이내에 심장을 뛰게 하면 뇌 손상이 거의 없을까? 반대로 4분이 지나면 어떤 이유로 뇌에 손상이 생길까?

그 이유는 산소 공급과 관련이 있다. 심정지가 발생해 혈액이 순환하지 않으면 4분 정도는 혈액 내에 남아 있던 산소가 뇌세포로 공급되지만, 4분이 지나면 남아 있는 산소가 없기 때문에 뇌세포에 산소를 공급할 수 없어 뇌세포가 손상되기 시작한다. 몸을 구성하는 다른 세포 역시 산소를 공급하지 않으면 손상을 입는 것은 마찬가지지만, 뇌세포가 다른 세포들보다 손상을 입기 시작하는 시간이 짧으며, 한번 손상되면 회복하기 어렵기 때문에 4분 안에 혈액이 순환할 수 있게 하여 뇌손상을 막는 것이 심폐 소생술의 핵심이다. 그렇다면 세포에서 도대체 산소는 어떤 역할을 할까? 산소가 없으면 세포는 왜 손상될까? 이 물음에 대한 대답을 차근차근 풀어보자.

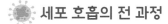 ## 세포 호흡의 전 과정

앞 장에서 우리는 세포가 생명 활동을 하는 데 이용하는 에너지가 ATP라는 것을 알았다.

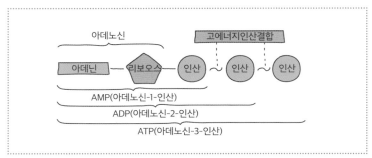

〈그림 1〉 ATP, ADP, AMP

〈그림 1〉과 같이 ATP에는 인산과 인산 사이의 결합이 2개 있으며, 이 결합은 다른 화학 결합에 비해 에너지를 많이 포함하므로 고에너지 인산 결합이라고 한다. 세포는 이 고에너지 인산 결합이 끊어질 때 방출되는 에너지만 생명 활동에 이용할 수 있기 때문에 흡수한 영양소를 이용하여 ATP를 합성하는 일을 지속적으로 해야 한다. 세포 호흡은 바로 이 과정을 말한다.

세포 호흡은 해당 작용, TCA(Tri-Carboxylic Acid) 회로, 산화적 인산화 세 단계로 구분할 수 있으며, 이 세 단계는 세포질과 미토콘드리아에서 일어난다.

해당 작용은 포도당이 미토콘드리아로 들어갈 수 있게 분해하는 반응이며, TCA 회로는 유기물을 무기물로 완전히 분해하는 과정이다. 산화적 인산화는 앞선 단계의 산물을 활용하여 ATP를 대량 생산하는 단계이다. 포도당 1분자는 세포질에서 해당 작용으로 피루브산 2분자로 분해된 다음 미토콘드리아로 들어가 TCA 회로와 산화적 인산화를 거쳐 물과 이산화 탄소로 완전히

⬤ 작은 상처여도 찔린 상처가 위험한 이유

흙바닥에 넘어지거나 못과 같은 뾰족한 것에 찔려 몸에 상처가 난 적이 한번쯤 있을 것이다. 생활하면서 이렇게 상처가 생기는 경우 일반적으로 집에서 소독약으로 소독하고 연고를 바르는 정도로 치료한다. 그런데 야외 활동을 하다 상처가 생기면 '파상풍'을 걱정해야 하는 경우가 있다. 특히 오래되어 녹슨 쇠붙이에 상처가 생기는 경우나 동물의 분비물 등이 많은 토양에 넘어져 상처가 생기는 경우, 우리는 파상풍을 의심하게 된다. 실제로 파상풍은 매우 조심하고 경계해야 하는 병이다. 치료제가 있기는 하지만 잠복기가 지나 증상이 나타나면 치료에 상당한 기간이 걸리고, 유아나 고령자는 경과가 좋지 않은 경우도 많다.

못이나 바늘 같은 것에 찔렸을 때 겉으로는 아주 작은 상처라도 파상풍을 염려해야 하는 이유는 무엇일까? 이 의문은 파상풍을 일으키는 병원체의 특징을 알아보면 풀 수 있다. 파상풍은 파상풍균이 생산한 독소로 발병한다. 파상풍균은 혐기성 세균으로, 동물의 분비물 또는 분비물로 오염된 토양, 나무껍질이나 쇠붙이 등 다양한 곳에 서식한다. 여기서 혐기성이란 산소를 싫어한다는 뜻으로, 파상풍균은 산소가 없는 곳에서 잘 서식하는 균이다. 따라서 파상풍균이 있는 무언가에 찔려 상처가 생겼다면, 파상풍균이 피부 깊숙이 침투하여 산소가 없는 환경에서 활발하게 생명 활동을 할 개연성이 높다. 따라서 겉보기에는 작은 상처라도 주의해야 한다.

찰스 벨 경, 〈파상풍으로 고통받는 환자의 근육 경련〉, 1809년 그림

그러면 여기서 우리는 새로운 의문을 품게 된다. 앞 장에서 세포 호흡을 이야기하면서 생명 활동에는 반드시 산소가 필요하다는 것을 알았는데 파상풍균은 그와 반대로 산소가 없는 곳에서 생명 활동을 더 잘한다니, 이게 무슨 말일까?

산소가 없어도 살아갈 수 있는 생물

세포의 생명 활동에 산소가 필요한 이유는 세포 호흡 때문이었다. 세포 호흡이 지속적으로 일어나 ATP를 충분히 생산하려면 전자 전달계가 원활하게 돌아가야 하고, 그러려면 산소가 최종 전자 수용체 역할을 해야 한다.

그렇다면 위에서 언급한 혐기성 생물은 산소 없이 어떻게 ATP를 생성할까?

세상 모든 생물이 산소가 충분한 환경에서 살 수는 없다. 지구상에는 산소가 부족한 환경도 많다. 따라서 어떤 생물은 산소가 충분한 환경에서 높은 효율로 ATP를 합성할 수 있게 진화했지만, 어떤 생물은 산소가 충분하지 않은 환경에서도 살아남을 수 있게 진화했을 것이다.

그렇다면 산소 없이도 ATP를 합성할 수 있다는 말인가? 그 대답은 바로 '기질 수준의 인산화'이다. 세포 호흡 과정 중 산소가 필요한 단계는 산화적 인산화 단계였다. 기질 수준의 인산화 과정에서는 산소가 필요하지 않았다. 해당 작용과 TCA 회로는 산소 없이도 진행되는 반응이기 때문이다. 따라서 산소가 없거나 부족한 환경에서도 살 수 있는 생물은 기질 수준의 인산화를 지속하여 ATP를 생성할 수 있다.

그런데 세포 호흡의 세 단계 중 산소가 쓰이는 단계가 산화적 인산화뿐이라고 하여 해당 작용이 아무런 조건 없이 지속될 수 있는 것은 아니다.

그 이유는 해당 작용에서 생성되는 NADH와 관련이 있다. NADH가 생성되려면 NAD^+가 있어야 하는데, 세포 내에는 이 물질이 무한정 있는 것이 아니다. 앞선 단계에서 생성된 NADH가 전자 전달계에 전자를 공급하고 다시 산화되어야만 NAD^+가 재생된다.

출동,
우리 몸을
지켜라!

아이스크림을 먹었더니
머리가 지끈지끈?

자극과 반응, 항상성

무더운 여름철, 시원하고 달콤한 아이스크림만큼 반가운 간식이 또 있을까? 하지만 기쁜 마음에 큼지막하게 한 입, 두 입 덥석 베어 먹었다간 금세 머리가 지끈지끈거리고 띵해지는 아픔을 겪게 된다. 맛있는 아이스크림을 먹다가 밀려오는 아픔에 머리를 쥐게 되는 이유는 무엇일까? 우리 몸에 무슨 문제가 있는 것은 아닐까?

🌸 나무를 닮은 신경 세포

신경 의학자 올리버 색스가 쓴《아내를 모자로 착각한 남자》에 등장하는 P 선생은 뛰어난 성악가이자 음악 교사였다. 그런데 어느 날 그에게 이상한 증상이 나타나기 시작했다. 자신이 가르치는 학생의 얼굴을 도무지 알아볼 수 없게 된 것이다. 걱정되어 안과를 찾아가 진찰을 받았지만 눈에는 아무런 이상이 없었다. 하지만 P 선생의 증상은 나아질 기미가 보이지 않았고, 결국 아내를 모자로 착각하는 지경에 이르렀다. 도대체 P 선생에게 어떤 문제가 생긴 것일까?

사람 몸은 감각 기관에서 받아들인 자극을 전달하고 해석하여 반응이 일어나도록 하는데, 이러한 일을 도맡아 하는 곳이 신경계이다. 신경계는 뉴런이라는 신경 세포로 이루어져 있다. 뉴런은 가지 돌기, 신경 세포체, 축삭 돌기로 구성되며 생김새가 나무를 많이 닮았다. 나뭇가지처럼 신경 세포체로부터 여러 갈래로 뻗어 나온 가지 돌기는 감각 기관이나 다른 뉴런에서 오는 자극을 받아들이는 수신기 역할을 하고, 나무줄기처럼 신경 세포체로부터 길게 뻗어 나온 축삭 돌기는 다른 뉴런이나 반응기로 자극을 전달하는 송신기 역할을 한다. 핵과 세포 소기관이 있는 신

✅ 더 알아보기

말이집 신경과 민말이집 신경

뉴런의 축삭 돌기가 말이집으로 싸여 있는 신경을 말이집 신경, 그렇지 않은 신경을 민말이집 신경이라고 한다.

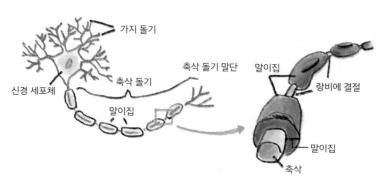

〈그림 1〉 뉴런의 구조: 뉴런은 가지 돌기, 신경 세포체, 축삭 돌기로 되어 있다.

경 세포체에서는 뉴런이 정상적으로 기능하는 데 필요한 생명 활동이 일어난다. 어떤 뉴런은 축삭 돌기가 전선의 피복처럼 절연체 역할을 하는 말이집으로 군데군데 싸여 있으며, 말이집으로 싸여 있지 않은 부분은 랑비에 결절이라고 한다.

🔆 뉴런 사이의 이어달리기, 자극의 전달 경로

☑ 더 알아보기

뉴런과 신경의 구분
뉴런은 신경 세포이고 신경은 뉴런 여러 개가 모여 이루어진 조직이다.

뉴런은 기능에 따라 감각 뉴런, 연합 뉴런, 운동 뉴런으로 나뉘며, 뇌와 척수를 이루는 연합 뉴런이 감각 뉴런과 운동 뉴런 사이를 연결하고 있다. 감각 기관에서 받아들인 자극을 감각 뉴런이 연합 뉴런으로 전달하면, 연합 뉴런에서는 자극을 종합하고 분석하여 적절한 반응 명령을 운동 뉴런에 전달한다. 운동 뉴런은 반응 명령을 운동 기관에 전달하여 반응이 일어나도록 한다.

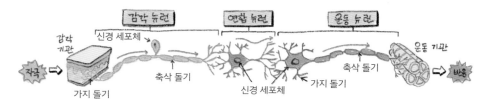

〈그림 2〉 뉴런의 연결과 자극의 전달: 자극은 감각 뉴런 → 연합 뉴런 → 운동 뉴런으로 전달된다.

🔆 우리 몸의 CPU, 중추 신경계

사람의 신경계는 중추 신경계와 말초 신경계로 구분한다. 중추 신경계는 뇌와 척수로 이루어져 있으며, 외부에서 입력된 정보를 해석하고 처리하는 컴퓨터의 중앙 처리 장치(CPU)처럼 감각 기관에서 받아들여 전달된 자극을 통합하고, 이를 분석·판단하여

🔵 전기 신호로 말해요! 활동 전위의 생성

치과에 가는 것을 좋아하는 사람이 있을까? '우지끈' 이를 뽑는 집게와 '위~잉' 하는 치과용 드릴을 떠올리면 안 그래도 아픈 이가 더 아프게 느껴지는 것 같다. 이러한 걱정은 영국 여왕도 예외가 아니었다. 영국 여왕 엘리자베스 1세는 충치 때문에 극심한 치통을 앓았지만, 치료하기 위해 이를 뽑자는 주치의의 제안을 한사코 거절했다. 이를 보다 못한 주교 존 에일머는 여왕의 걱정을 덜어 주려고 여왕이 보는 앞에서 자기 이 하나를 뽑게 했다고 한다. 하지만 오늘날의 치과의사였다면 두려움에 떨고 있는 엘리자베스 여왕에게 마취를 하면 아프지 않으니 걱정하지 말라고 하지 않았을까?

그렇다면 왜 마취를 하면 아픔을 느끼지 못할까? 마취의 원리를 이해하려면 먼저 우리가 아픔을 느끼는 과정을 살펴보아야 한다. 우리는 흔히 치아를 뼈처럼 단단한 덩어리로 생각하지만 실제 치아 속에는 우리 몸의 다른 기관처럼 신경과 혈관이 채워져 있다. 차가운 음식을 먹었을 때 이가 시린 느낌을 받는 것도, 충치 때문에 아픔을 느끼는 것도 바로 치아 속 신경이 자극을 받아 뇌로 정보를 전달하기 때문이다. 따라서 이 부분을 마취하면 뇌로 정보가 잘 전달되지 않아 아픔을 느끼지 못하게 된다.

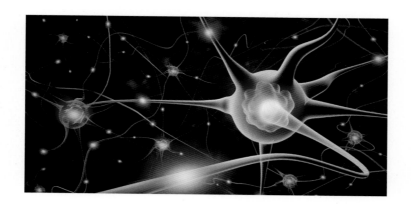

〈그림 1〉 뉴런에서의 정보 전달: 뉴런에서는 전기 신호의 형태로 정보를 전달한다.

뉴런의 막전위는 어떻게 측정할까?

미세 전극 하나는 뉴런 안에 삽입하고, 다른 하나는 뉴런 밖에 삽입한 후 뉴런 밖의 전압을 기준으로 뉴런의 세포막 안팎의 전압 차이를 측정한다. 사람 뉴런의 휴지 전위는 보통 −60∼−80mV 사이의 값을 나타낸다.

이온 통로와 펌프의 수송 방식

이온 통로를 통한 물질의 수송 방식은 확산으로 ATP 에너지가 필요하지 않으며, 농도 차이에 따라 농도가 높은 곳에서 낮은 곳으로 물질이 이동한다. 반면에 펌프를 통한 물질의 수송 방식은 능동 수송으로 ATP 에너지가 필요하다.

이온

전기를 띤 원자 또는 원자 집단으로 양전하를 띤 것을 양이온, 음전하를 띤 것을 음이온이라고 한다.

막전위

뉴런의 세포막을 경계로 막 안쪽과 바깥쪽에 나타나는 전압의 차이

역치

어떤 반응을 일으키는 데 필요한 최소한의 자극의 세기

우리 몸에서 자극을 받은 뉴런은 전기 신호의 형태로 정보를 전달한다. 그런데 뉴런에 발전기가 따로 있는 것도 아닐 텐데 어떻게 전기 신호를 만들 수 있을까?

뉴런에서 만드는 전기 신호의 정체는 바로 막전위의 변화이다. 자극을 받지 않은 뉴런에서는 세포막 안쪽이 바깥쪽에 비해 상대적으로 음(−)전하를, 세포막 바깥쪽은 안쪽에 비해 상대적으로 양(+)전하를 띠는 분극 상태를 유지해서 세포막을 경계로 막 안쪽과 바깥쪽에 전압 차이가 생기는데, 이를 막전위라고 한다.

그렇다면 뉴런에서 막전위는 어떻게 형성될까?

뉴런에서 막전위를 형성하는 데 중요한 역할을 하는 것은 뉴런의 세포막을 사이에 두고 분포한 이온이다. 전하를 띤 물질인 이온이 세포막 안팎에 어떻게 분포하느냐에 따라 막전위가 정해지며, 이온이 이동하여 분포하는 모습이 달라지면 막전위 역시 변화하게 된다. 특히 나트륨 이온(Na^+)과 칼륨 이온(K^+)의 이동과 분포가 핵심 역할을 하는데, 이러한 이온들은 세포막을 직접 통과하여 이동하기가 어렵기 때문에 세포막에 박혀 있는 이온 통로와 펌프의 도움으로 이동한다.

자극을 받지 않은 뉴런에서 세포막에 있는 Na^+-K^+ 펌프는 ATP 에너지를 사용하여 3분자의 Na^+은 뉴런 바깥쪽으로, 2분자의 K^+은 뉴런 안쪽으로 이동시킨다. Na^+과 K^+은 모두 양(+)전하를 띠지만 뉴런 바깥쪽으로 빠져나가는 Na^+이 안쪽으로 들어오는 K^+보다 더 많으므로 뉴런 안쪽은 바깥쪽에 비해 상대적으로 음(−)전하를 띠게 된다. 또 Na^+-K^+ 펌프의 작용으로 Na^+의 농도는 뉴런 바깥쪽이 높고, K^+의 농도는 뉴런 안쪽이 높아져 이온 통로를 통해 Na^+은 세포막 안쪽으로, K^+은 세포막 바깥쪽으로 확산되려는 힘이 생겨난다.

그런데 자극을 받지 않은 뉴런에서 세포막에 있는 Na^+ 통로는 대부분 닫혀 있어 Na^+은 뉴런 안쪽으로 거의 확산되지 못하

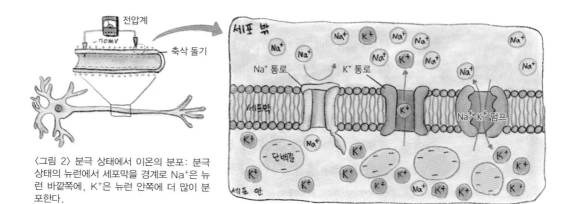

<그림 2> 분극 상태에서 이온의 분포: 분극 상태의 뉴런에서 세포막을 경계로 Na^+은 뉴런 바깥쪽에, K^+은 뉴런 안쪽에 더 많이 분포한다.

지만, K^+ 통로 중에는 항상 열린 것이 있어 K^+은 뉴런 바깥쪽으로 확산될 수 있다. 그 결과 뉴런 안쪽으로 Na^+은 거의 들어오지 못하는 데 반해, K^+은 바깥으로 일부 새어 나가게 되어 막전위는 더욱 음의 값을 가지게 된다. 게다가 뉴런 안쪽에는 음(-)전하를 띠는 단백질들이 존재하기 때문에 세포막을 경계로 뉴런 안쪽은 바깥쪽보다 상대적으로 음(-)전하를 띠게 되고, 뉴런 바깥쪽은 상대적으로 양(+)전하를 띠는 분극 상태를 유지하게 된다.

이처럼 세포막을 경계로 해서 이온의 불균등한 분포와 투과성의 차이로 막전위가 형성되며 자극을 받지 않아 분극 상태를 유지하는 뉴런의 막전위를 휴지 전위라고 한다.

그런데 뉴런에 역치 이상의 자극이 주어지면 분극 상태를 유지하던 뉴런에 큰 변화가 일어난다. 닫혀 있던 몇몇 Na^+ 통로가 열려 Na^+이 뉴런 안쪽으로 빠르게 확산되어 들어오면서 세포막 안쪽에 양(+)이온이 많아지게 되며, 그 결과 원래의 분극 상태에서 벗어나 막전위가 상승하게 되고 세포막 안팎의 전위가 뒤바뀌어 안쪽이 양(+)전하, 바깥쪽이 음(-)전하를 띠는데 이를 탈분극이라고 한다. 역치 이상의 자극을 받으면 분극 상태에서 닫혀 있던 일부 K^+ 통로도 열리기 시작한다. 하지만 이 K^+ 통로는 서서히 열리고 닫히기 때문에 탈분극 시기에는 Na^+의 막 투과도가 K^+의

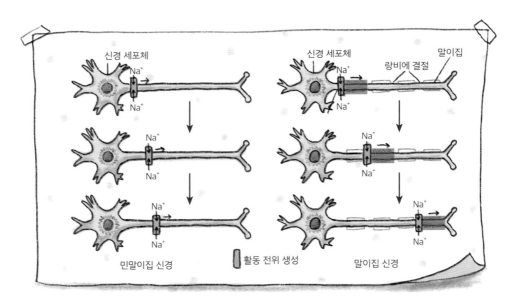

발생시켜 신호를 보낸다는 사실을 꼭 기억하자.

흥분이 전도되는 속도는 축삭 돌기가 굵을수록 더 빠르다. 오징어의 축삭 돌기는 지름이 1mm에 이를 정도로 굵어 거대 축삭 돌기라고 하는데, 흥분의 전도 속도가 무려 30m/초이다. 오징어가 위협을 느꼈을 때 먹물을 내뿜으며 순식간에 도망칠 수 있는 것도 바로 거대 축삭 돌기를 가지고 있기 때문이다. 이처럼 축삭 돌기가 굵을수록 흥분이 빠르게 전도되는 이유는 저항이 작기 때문으로 굵기가 얇은 호스보다 굵은 호스에서 물이 더 잘 흐르는 것과 마찬가지 원리이다. 그렇다면 우리 몸의 뉴런들도 오징어처럼 축삭 돌기가 굵을까? 놀랍게도 사람을 비롯한 척추동물의 뉴런은 오징어처럼 축삭 돌기가 굵지 않지만 매우 빠른 속도로 활동 전위가 이동할 수 있다. 어떻게 그러한 일이 가능할까?

척추동물이 흥분의 전도 속도를 높이기 위해 선택한 방법은 바로 말이집으로 뉴런의 축삭 돌기를 감싸는 것이다. 흥분의 전

더 알아보기

말이집 신경과 오징어의 거대 축삭 돌기

축삭 돌기의 지름이 20μm인 말이집 신경은 굵기가 40배 이상인 오징어의 거대 축삭 돌기와 전도 속도가 동일하지만, 차지하는 공간은 약 $\frac{1}{2000}$배에 불과하다.

도약 전도

말이집 신경에서는 활동 전위 생성에 중요한 Na^+ 통로, K^+ 통로가 랑비에 결절에 집중적으로 분포한다. 따라서 활동 전위가 랑비에 결절에서만 만들어져 도약 전도의 방식으로 흥분이 전도된다.

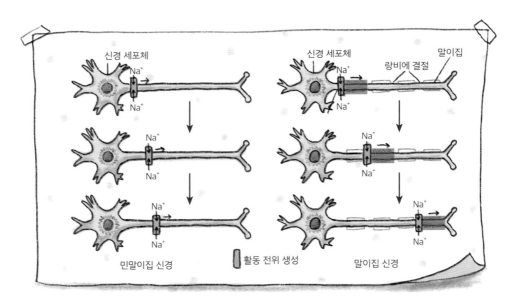

〈그림 5〉 말이집 신경과 민말이집 신경에서 흥분의 전도: 말이집 신경에서는 도약 전도가 일어나 민말이집 신경보다 흥분의 전도 속도가 더 빠르다.

통조림에서 찾은 독, 보툴리눔 독신

19세기 초 영국에서 처음 개발된 통조림은 이내 인기를 끌게 되었고, 통조림 덕분에 사람들은 음식을 두고두고 먹을 수 있게 되었다. 그런데 통조림이 유행하면서 이상한 식중독이 독일에서 돌기 시작하였다. 보통 식중독에 걸리면 설사와 구토 등의 증세를 나타내다 며칠이 지나면 회복되었지만 이 식중독에 걸리면 구토와 함께 물체가 둘로 보인다거나 발음이 어눌해지고 음식도 잘 삼킬 수 없는 등 마비 증상이 나타났으며, 심한 경우 심장이 마비되거나 숨이 막혀 목숨을 잃기도 하였다.

연구 결과 이 식중독은 '보툴리누스균'이 만들어 낸 독소인 '보툴리눔 독신'이 원인이었다. 보툴리누스균은 산소를 싫어하는 혐기성 세균이어서 통조림처럼 공기가 통하지 않는 환경에서도 아주 잘 자랄 수 있었고, 보툴리누스균이 득실한 이 통조림 속 음식을 먹은 사람들이 '보툴리누스 중독'이라고 이름 붙여진 이상한 식중독에 걸리고 만 것이다.

보툴리눔 독신은 자연에 존재하는 독소 중 독성이 가장 강한 것으로 알려져 있으며 청산가리보다도 1조 배 이상 독성이 강하다고 한다. 보툴리눔 독신 1g이면 100만 명 이상이 목숨을 잃을 수 있다니 그 독성이 정말 무시무시하다.

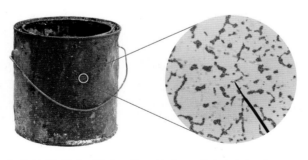

〈그림 1〉 통조림 속 보툴리누스균: 보툴리누스균은 흙에서 사는 흔한 혐기성 세균으로, 공기가 통하지 않는 통조림 속에서도 잘 자란다.

> **☑ 더 알아보기**
>
> **보툴리누스균**
> 막대 모양의 세균으로 정확한 이름은 클로스트리디움 보툴리눔(Clostridium Botulinum)이다. 보툴리누스 중독을 일으키는 보툴리눔 독신(Botulinum Toxin, BTX)을 만들어 낸다.

🔬 독도 잘만 쓰면 약이 된다!

✓ 더 알아보기

사시
두 눈이 똑바로 정렬되어 있지 않은 상태를 말한다.

뇌성마비
뇌가 미성숙한 시기에 생기는 뇌의 병변 때문에 발생한 운동 기능 장애를 말한다.

사경
한쪽 목의 근육이 경직되어 목이 기울어지고 그 결과 안면이 비대칭적으로 발달하는 질병이다.

1973년 미국의 안과 의사 앨런 스코트는 보툴리눔 톡신에 대한 놀라운 연구 결과를 내놓았다. 무시무시한 독으로 알려져 있던 보툴리눔 톡신 극소량을 원숭이에게 주사하여 안구 근육이 지나치게 수축되어 생기는 사시 증상을 치료한 것이다. '독도 잘만 쓰면 약이 된다'는 속담처럼 보툴리눔 톡신을 어떻게 쓰느냐에 따라 독이 약이 될 수도 있다는 사실을 밝혀낸 것이다.

실제로 현재 보툴리눔 톡신은 다양한 질병의 치료제로 널리 쓰이고 있다. 자신의 의지와 관계없이 근육이 움직이고 떨리는 안면 경련, 사시, 뇌성마비 환자들의 증상은 물론이고 목의 근육이 과도하게 수축되어 목이 한쪽으로 기울어지는 사경 환자들의 증상에도 효과가 있다는 것이 확인되었다. 그렇다면 보툴리눔 톡신의 효능은 무엇일까?

보툴리눔 톡신의 효능을 한마디로 설명하면 근육이 수축하지 못하도록 마비시키는 것이다. 우리 몸의 근육은 크게 골격근, 내장근, 심장근으로 나뉜다. 이름 그대로 골격근은 뼈에 붙어 몸을

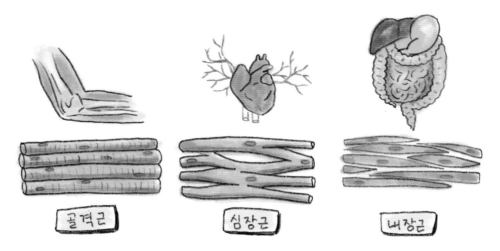

〈그림 2〉 근육의 종류: 우리 몸의 근육은 골격근, 심장근, 내장근으로 구분된다.

움직이거나 지탱하는 근육이고, 심장근은 심장을, 내장근은 내장과 혈관을 이루는 근육이다. 이 중에서 골격근을 중심으로 보툴리눔 톡신의 효능을 알아보자.

근육 섬유가 모여 근육이 된다고? 골격근의 구조

헬스클럽에 가보면 열심히 운동한 후 거울 앞에 서서 근육이 얼마나 만들어졌는지 확인하는 사람들을 흔히 볼 수 있다. 볼록 솟은 알통, 배에 선명한 '왕(王)' 자와 같이 사람들이 운동으로 키우려는 근육이 바로 골격근이다. 근육이라고 하면 보통 하나의 큰 세포 덩어리로 생각하기 쉽지만, 사실은 근육 섬유라는 세포가 모여 이루어진 조직이다.

골격근은 〈그림 3〉과 같이 평행하게 배열된 근육 섬유 다발

⊘ 더 알아보기

근육 섬유는 핵이 여러 개다?

골격근을 이루는 세포인 근육 섬유는 여러 개의 세포가 융합되어 만들어지기 때문에 핵을 여러 개 가진다.

근육의 무늬

골격근과 심장근은 가로 방향의 줄무늬를 가지지만, 내장근은 줄무늬를 가지지 않는다.

I대, A대의 또 다른 이름

전자 현미경으로 관찰했을 때 밝게 보이는 I대를 명대, 어둡게 보이는 A대를 암대라고도 한다.

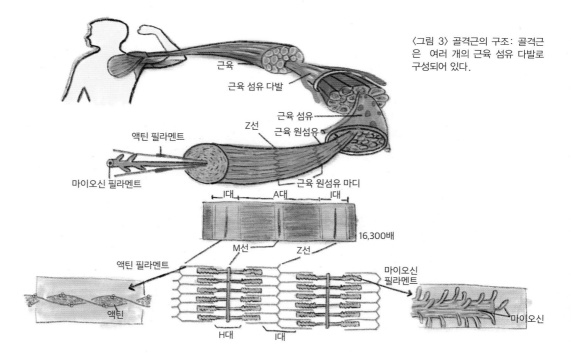

〈그림 3〉 골격근의 구조: 골격근은 여러 개의 근육 섬유 다발로 구성되어 있다.

여러 개로 이루어져 있고, 하나의 근육 섬유는 더 가느다란 근육 원섬유 다발 여러 개로 이루어져 있다. 근육 원섬유는 근육 원섬유 마디가 반복되는 구조로 되어 있다.

근육 원섬유를 전자 현미경으로 관찰해 보면 밝은 부분과 어두운 부분이 번갈아 가며 나타나는 줄무늬를 볼 수 있다. 또 밝게 보이는 부분 중앙에 진한 수직선이 보이는데, 이 선이 근육 원섬유 마디와 마디를 구분하는 Z선이다. 근육 원섬유에서 줄무늬가 관찰되는 이유는 근육 원섬유 마디가 가는 액틴 필라멘트와 굵은 마이오신 필라멘트가 차곡차곡 겹쳐 있는 구조이기 때문이다. 근육 원섬유 마디에서 Z선 근처에 밝게 보이는 부분은 액틴 필라멘트만 있으며 I대라고 한다. 반면에 마이오신 필라멘트가 있는 부분은 A대라고 하며 I대에 비해 어둡게 보인다. A대 중앙에 상대적으로 밝게 보이는 부분은 H대라고 하며, H대에는 마이오신 필라멘트만 있다.

골격근의 수축은 근육 원섬유 마디를 기본 단위로 하여 일어나므로, 근육 원섬유 마디의 구조와 각 부분의 특징을 잘 기억해 두자.

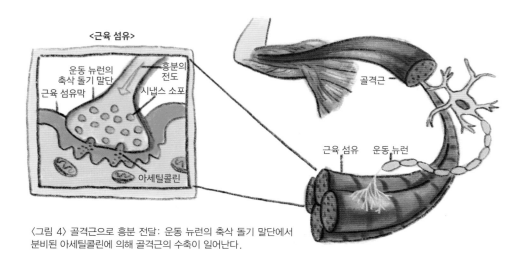

〈그림 4〉 골격근으로 흥분 전달: 운동 뉴런의 축삭 돌기 말단에서 분비된 아세틸콜린에 의해 골격근의 수축이 일어난다.

🔬 마이오신 필라멘트 사이로 씽씽! 골격근 수축의 원리

"앗! 1루 주자! 2루로 뛰었다! 슬라이딩~ 세이프!" 투수가 공을 던지는 그 짧은 순간을 틈타 2루로 도루를 시도하는 야구 선수를 본 적이 있을 것이다. 공을 던지려는 투수의 자세를 보고 재빨리 달리기 시작하여 아슬아슬하게 슬라이딩하기까지 다양한 움직임은 신경계와 골격근이 협력하여 만들어 낸 작품이다.

중추 신경계에서 몸을 어떻게 움직여야 할지 명령을 내리면 이 명령은 운동 뉴런을 따라 골격근에 전해진다. 운동 뉴런의 축삭 돌기 말단은 시냅스처럼 좁은 틈을 두고 근육 섬유와 접해 있다. 운동 뉴런의 축삭 돌기 말단에 흥분이 도달하면 신경 전달 물질인 아세틸콜린이 분비되어 골격근을 수축시킨다. 보툴리눔 톡신은 바로 운동 뉴런 말단에서 아세틸콜린의 분비를 방해하여 골격근이 일시적으로 수축하지 못하도록 마비시킨다. 근육이 수축하지 못하도록 신호를 차단하는 셈이다.

그렇다면 골격근의 수축과 이완은 어떻게 일어날까? 마치 고무줄처럼 근육이 늘어나거나 줄어들기라도 하는 걸까?

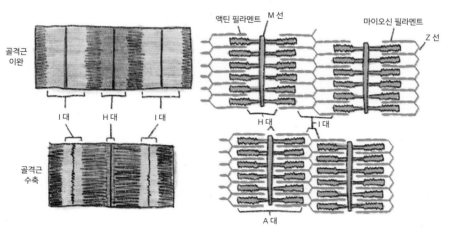

〈그림 5〉 골격근이 수축할 때 근육 원섬유 마디의 변화: 골격근이 수축하면 근육 원섬유 마디의 길이가 짧아진다.

마이오신 필라멘트와 액틴 필라멘트가 분리되려면 ATP가 필요하다. 그런데 사람이 죽으면 ATP의 공급이 끊어져 골격근이 이완되지 못하게 되며, 그 결과 몸이 딱딱하게 굳는 사후 경직이 나타난다. 법의학에서는 사후 경직 정도를 조사하여 사망 시간을 추정하기도 한다.

〈그림 5〉는 골격근이 이완했을 때와 수축했을 때의 근육 원섬유 마디를 나타낸 것이다. 골격근이 수축하면 근육 원섬유 마디의 길이는 짧아지고, I대와 H대의 길이도 짧아진다. 그런데 신기하게도 마이오신 필라멘트가 있는 A대의 길이와 액틴 필라멘트의 길이는 변하지 않는다. 액틴 필라멘트와 마이오신 필라멘트의 길이는 변하지 않는데 근육 원섬유 마디의 길이는 짧아진다니! 도대체 이러한 일이 어떻게 가능할까?

골격근의 수축은 〈그림 6〉과 같이 액틴 필라멘트와 마이오신 필라멘트 사이의 상호 작용으로 일어난다. 운동 뉴런으로부터 수축하라는 신호가 전달되면 마이오신 머리가 액틴 필라멘트와 결합하고, 마이오신 머리가 굽으면서 액틴 필라멘트를 근육 원섬유

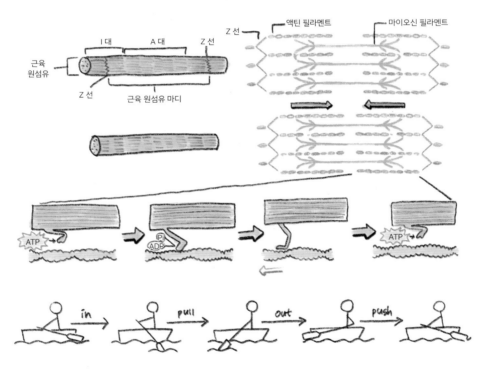

〈그림 6〉 골격근의 수축 원리: 노를 저어 물을 밀어내듯이 마이오신 머리에 의해 액틴 필라멘트가 마이오신 필라멘트 사이로 미끄러져 들어가 골격근이 수축된다.

🌸 사랑은 마음이 하는 일일까? 머리가 하는 일일까?

사랑에 빠지면 설렘과 행복감으로 한껏 마음이 부풀지만, 원치 않게 실연을 당하면 마음이 몹시 아프게 된다. 흔히 사랑을 표현할 때 심장을 가리키는 하트 모양으로 나타내는 것도 사랑은 마음이 움직이는 일이라고 생각하기 때문일 것이다.

하지만 과학자들의 생각은 조금 다른 것 같다. 2000년 미국의 한 연구팀은 사랑이 우리 몸속에서 분비되는 화학 물질과 관련이 있다는 연구 결과를 발표하였다. 연구 결과에 따르면 우리가 사랑에 빠지면 특별한 신경 전달 물질과 함께 호르몬이 분비되어 사랑의 감정을 널리 퍼뜨리고, 우리 몸을 평소와 다른 상태로 만든다는 것이다.

예를 들어 우리가 사랑하는 사람과 함께 있을 때 얼굴이 붉어지고 심장이 두근거리는 것은 콩팥 위쪽의 부신에서 분비되는 호르몬인 에피네프린과 노르에피네프린 때문이다. 이들은 우리 몸의 흥분 상태를 유지하고 집중력과 기억력을 높여 사랑하는 사람에게 더 집중하고 사랑하는 사람에 대한 정보를 더욱 쉽게 기억하게 한다.

또 사랑하게 되면 사랑하는 사람이 빛나 보이고, 단점이 보이지 않아 '콩깍지가 씌었다'고들 하는데, 이는 뇌에서 분비되는 페닐에틸아민의 양이 증가하기 때문이다. 페닐에틸아민이 중추 신경계를 자극하고 열정을 샘솟게 하는 천연 각성제 역할을 하기 때문에 사랑하는 사람에게는 한없이 너그러워지고 보고 있어도 또 보고 싶으며 사랑하는 사람을 위해서 위험한 일도 마다하지 않게 된다.

이처럼 사랑을 하게 되면 몸속에서 여러 호르몬과 신경 전달 물질이 분비되어 우리 몸을 사랑의 마법에 빠진 상태로 만든다. 그런데 사실 이러한 호르몬과 신경 전달 물질은 모두 뇌에서 분

🌀 생활 속 과학

초콜릿 속 페닐에틸아민
사랑에 빠진 사람들을 콩깍지가 씌게 만드는 페닐에틸아민은 초콜릿에도 많이 들어 있다. 하지만 우리가 음식으로 섭취한 페닐에틸아민은 일반적으로 몸속에서 활성화되지 않는다고 한다.

비가 조절된다. 이러한 여러 가지 사실에 비추어 보면 사랑은 마음이 아니라 머리가 하는 일인지도 모르겠다.

🌸 우리 몸의 지휘자, 호르몬

호르몬은 사랑을 이루는 마법의 묘약이기도 하지만 신경계와 함께 우리 몸의 다양한 생리 작용을 조절하는 물질이기도 하다. 호르몬은 내분비샘에서 분비되어 혈액을 통해 온몸을 순환하다가 특정한 세포나 기관에만 작용하여 효과를 나타낸다. 호르몬마다 고유의 수용체가 있기 때문에 혈액을 통해 운반되는 다양한 호르몬은 각각 자신의 수용체를 가진 특정한 세포 또는 기관을 표적으로 하여 효과를 나타내며, 같은 호르몬이라도 표적 세포에 따라 나타나는 효과가 다를 수 있다.

호르몬은 신경계와 마찬가지로 세포 또는 기관에 작용하여 기능을 조절하는 역할을 하지만, 주로 전기 신호의 형태로 뉴런을 통해 신호를 전달하는 신경계와 달리 화학 물질의 형태로 혈액을 통해 신호를 전달하기 때문에 그 효과가 느리게 나타난다. 하지만 신경계보다 작용 범위가 넓고, 반응이 오래 지속되는 특징이 있다.

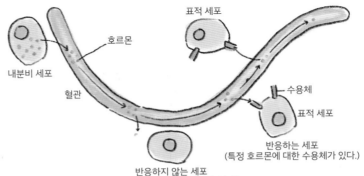

〈그림 1〉 호르몬의 분비와 작용: 호르몬은 내분비샘에서 분비되어 혈액을 통해 운반되며 특정 표적 세포 또는 표적 기관에 작용한다.

🌸 내 몸 안의 조절 장치

고대 인도인들이 달콤한 오줌이라고 불렀던 질병은 바로 당뇨병이다. 당뇨병의 영어 이름은 'diabetes mellitus'로, '물을 다 빼낸다'는 뜻의 'diabetes'와 '꿀'을 뜻하는 'mellitus'가 합쳐진 것이다. 글자 그대로 '꿀이 빠져나온다'는 의미인데, 우리가 섭취한 포도당이 오줌으로 빠져나오기 때문에 이를 한자식으로 이름 붙여 당뇨병이라고 한 것이다. 달콤한 오줌이 나온다니 그게 뭐 대수일까 싶지만, 당뇨병은 우리 몸 안에서 혈당량을 조절하는 장치가 망가졌을 때 나타나는 질병이기 때문에 꼭 치료해야 한다.

우리 몸에서는 혈당량을 비롯하여 체온, 혈장 삼투압 등의 체내 환경을 일정하게 유지하고 있으며, 우리 몸의 항상성을 유지하고 조절하는 과정에는 신경계와 호르몬이 중요한 역할을 한다. 신경계가 몸 안팎에서 일어나는 변화를 감지하고 호르몬의 분비와 여러 기관의 작용을 조절하며, 음성 피드백과 길항 작용을 통해 항상성이 유지된다.

> **용어설명**
> **혈당량**
> 혈액 속의 포도당 농도를 말한다.

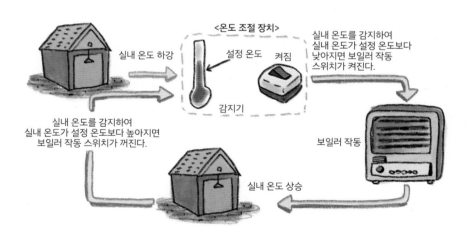

〈그림 1〉 보일러의 온도 조절 원리: 보일러의 온도 조절 장치는 음성 피드백으로 실내 온도를 조절한다.

〈그림 2〉 자동차의 속도 조절 원리: 자동차의 속도는 액셀러레이터와 브레이크의 길항 작용으로 조절된다.

앞 장의 호르몬 분비에서도 살펴보았듯이, 음성 피드백은 어떤 자극으로 일어난 변화의 영향으로 처음 주어졌던 자극이 억제되는 조절 원리를 말한다. 추운 겨울, 집 안을 따뜻하게 만들어 주는 보일러를 떠올려 보자. 밖에서 집에 돌아와 제일 먼저 하는 일은 바로 보일러 온도 조절 장치의 설정 온도를 높이는 일이다. 보일러의 온도 조절 장치는 실내 온도를 감지하여 실내 온도가 설정 온도보다 낮아지면 보일러를 작동시켜 실내 온도를 높인다. 반면에 실내 온도가 설정 온도보다 높아지면 온도 조절 장치는 보일러의 작동을 멈추고, 그 결과 실내 온도는 내려간다.

우리 몸에서는 간뇌의 시상 하부가 보일러의 온도 조절 장치와 같은 역할을 한다. 시상 하부는 몸 안팎의 변화를 감지하고, 자율 신경과 호르몬을 통해 음성 피드백의 원리로 여러 기관의 반응을 조절하여 항상성을 유지한다.

또 자율 신경에서 살펴보았듯이 길항 작용은 자동차를 운전할 때 액셀러레이터를 밟아 속도를 높이고, 속도가 너무 빠르면 브레이크를 밟아 속도를 줄이는 것처럼 두 요인이 반대로 작용하여 서로 효과를 줄이는 것으로, 길항 작용 역시 항상성을 유지하는 데 중요한 역할을 한다.

독감=독한 감기? 병원체의 정의와 질병의 구분

영화 〈감기〉에 등장하는 바이러스는 실제 조류 독감을 일으키는 바이러스 중 하나인 H5N1형 바이러스의 변종으로 그려지고 있다. 우리나라에서 주로 AI로 불리는 조류 독감은 이름 그대로 닭, 오리, 철새 등 조류가 걸리는 호흡기 질병으로 처음에는 조류에만 전염되는 것으로 알려져 있었다.

하지만 최근에 조류로부터 변종 조류 독감 바이러스가 사람에게 전염되어 목숨을 잃은 일이 발생하면서 전 세계가 발칵 뒤집히기도 하였다. 이러한 독감을 일으키는 인플루엔자 바이러스는 '영향을 미친다'는 뜻의 라틴어 인플루엔자influenza에서 이름을 따왔다. 그렇다면 영화 제목인 감기는 독감과 어떠한 관계가 있을까?

우리는 보통 증상이 심하지 않으면 감기, 증상이 아주 심한 감기를 독감이라고 생각하지만 사실 감기와 독감은 엄연히 다른 질병이다. 감기는 아데노바이러스, 콕사키 바이러스 등 매우 다양한 바이러스가 원인이 되어 생기지만, 독감은 인플루엔자 바이러스 때문에 생기는 질병으로, 둘은 질병을 일으키는 원인 자체가 완전히 다르다. 그렇기 때문에 우리가 병원에서 독감 예

조류 독감
(avian influenza)

조류가 걸리는 전염성 호흡기 질환으로 일반적으로 인플루엔자 A형에 속하는 바이러스가 원인이다.

조류 독감을 일으키는 바이러스

콜록

〈그림 1〉 조류 독감 바이러스: H5N1형 바이러스는 조류 독감을 일으키는 바이러스 중 하나이다.

방 주사를 맞았어도 감기에 걸려 고생하는 일이 일어나게 된다.

바이러스와 같이 우리 몸에 침입하여 질병을 일으키는 생명체 또는 물질을 병원체라고 한다. 병원체는 공기, 음식물, 체액 등을 통해 전염될 수 있기 때문에 병원체가 원인인 질병을 감염성 질병이라고 한다. 반면 병원체의 침입 없이 생활 방식이나 환경, 유전 등 여러 요인이 복합적으로 관여하여 생기는 질병을 비감염성 질병이라고 한다.

🦠 지피지기면 백전백승! 병원체의 종류와 특성

우리 몸에 질병을 일으키는 병원체는 바이러스 말고도 여러 가지가 있다. 하지만 '지피지기면 백전백승!' 적을 알고 나를 알면 백 번 싸워도 백 번 다 이길 수 있다고 하지 않았는가? 우리 몸에 질병을 일으키는 적! 병원체에 대해 알아보자.

세균

1909년 대한매일신보에 어느 질병에 대한 기사가 실렸다. 이 질병이 한 집에 들어가면 온 가족이 거의 다 죽고 칡덩굴이 뻗어 나가듯 이 고을 저 고을로 빠르게 퍼져 간다고 하였는데, 당시 사람들은 정체를 알 수 없어 '괴질'이라고 불렀다. 이 질병은 과연 무엇일까? 조선 시대 수천 명의 목숨을 앗아간 무시무시한 '괴질'의 정체는 바로 콜레라로, 세균이 질병을 일으키는 원인이다. 세균이 병원체인 질병에는 콜레라 이외에 우리가 '염병'이라고 부르는 장티푸스와 결핵, 폐렴, 탄저병, 식중독, 파상풍 등이 있는데, 단세포 원핵생물인 세균이 체내에 침입하여 빠르게 증식하면서 독소를 만들어 내고 이 독소가 세포를 손상시키거나 세포의 기능을 저해하기 때문에 질병이 생겨난다.

더 알아보기

슈퍼 박테리아(세균)

항생제 내성은 세균과 같은 병원체가 항생제에 저항하여 생존할 수 있는 특성이다. 항생제 내성 유전자가 항생제 내성을 가지게 하며 세균에서는 주로 플라스미드에 항생제 내성 유전자가 위치한다. 세균 중에서 여러 종류의 항생제 저항성 유전자를 가지게 되어 기존의 여러 항생제에 내성이 생긴 다제 내성 세균을 보통 '슈퍼 박테리아'라고 한다.

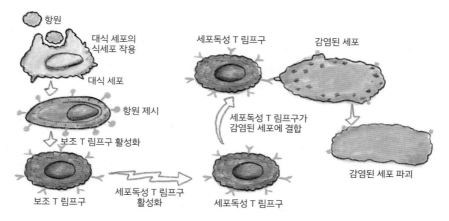

〈그림 8〉 세포독성 T 림프구와 세포성 면역 과정: 세포독성 T 림프구는 보조 T 림프구의 도움을 받아 활성화되어 병원체 또는 병원체에 감염된 세포를 파괴한다.

〈그림 9〉 암세포를 공격하는 세포독성 T 림프구: 세포독성 T 림프구는 암세포를 공격하여 제거하는 역할을 한다.

니라 돌연변이 단백질을 만드는 암세포를 공격하여 제거하는 역할을 하므로 이를 이용한 암 치료제 연구가 활발히 이루어지고 있다.

유비무환有備無患! 백신의 원리

특이적 방어에서 형질 세포로부터 만들어지는 항체나 세포독성 T 림프구는 면역 반응을 일으킨 특정 항원에 대해 특이적으로 작동하기 때문에 시간은 걸려도 훨씬 효과가 크다. 하지만 문제는 우리 몸을 위협하는 항원의 종류가 너무나 많다는 것인데,

이 위험천만한 상황에서 수많은 항원에 맞서 어떻게 우리 몸을 안전하게 지킬 수 있을까?

항체를 예로 들어 생각해 보자. 만일 우리 몸에 한 종류의 항원만을 인식하여 반응할 수 있는 B 림프구와 T 림프구만 있다면 그 항원은 효과적으로 제거할 수 있겠지만, 다른 항원에는 속수무책일 것이다. 따라서 우리 몸에서는 어떤 항원이 침입하더라도 모두 대항할 수 있도록 다양한 종류의 B 림프구와 T 림프구를 만들어 가지고 있다. 특정 항원이 침입하여 특정 B 림프구와 T 림프구가 활성화되면 세포 분열로 수가 늘어나며, B세포 중 일부는 형질 세포로 분화하여 항체를 생성하고, 나머지는 기억 세포로 분화하여 항원의 특성을 기억한다.

우리 몸에서 처음 침입한 항원에 맞서 항체를 생성하는 반응을 1차 면역 반응이라고 한다. 1차 면역 반응에서는 항체를 만드는 속도가 느리고, 만들어지는 항체의 양도 적다. 하지만 동일한 항원이 다시 침입하게 되면 1차 면역 반응에서 만들어진 기억 세포가 재빨리 형질 세포로 분화하여 항체를 만들어 낸다. 따라서 1차 면역 반응에 비해 많은 양의 항체가 빠른 속도로 만들어지

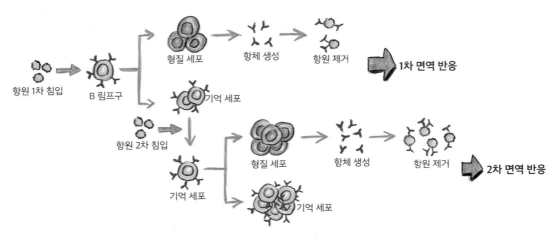

항원 1차 침입   B 림프구   형질 세포   항체 생성   항원 제거   1차 면역 반응

기억 세포

항원 2차 침입   기억 세포   형질 세포   항체 생성   항원 제거   2차 면역 반응

기억 세포

〈그림 10〉 1차 면역 반응과 2차 면역 반응: 2차 면역 반응에서는 1차 면역 반응에서 만들어진 기억 세포가 형질 세포로 분화되어 많은 양의 항체가 빠르게 만들어진다.

며, 이러한 반응을 2차 면역 반응이라고 한다. 우리가 처음 보는 어려운 생명과학 문제를 풀 때는 시간이 많이 걸리지만, 똑같은 문제를 다시 풀 때에는 풀이 방법을 기억해 훨씬 빠르게 해결할 수 있는 것과 마찬가지 원리이다.

우리가 흔히 예방 주사라고 부르는 백신은 바로 이러한 면역 반응의 원리를 활용하여 질병을 예방하는 방법이다. 백신은 보통 질병을 일으키지 않도록 독성을 없애거나 약화시킨 항원으로 만드는데, 백신을 접종하면 우리 몸에서 1차 면역 반응이 일어나 그 항원에 대한 항체와 기억 세포가 만들어진다. 그러면 동일한 항원이 다시 침입하였을 때 우리 몸에서는 2차 면역 반응이 일어나게 되므로 항원을 효과적으로 제거하여 질병을 예방할 수 있다. 질병을 예방하기 위해 질병의 원인인 항원을 일부러 주사로 맞다니 참 아이러니한 일이지만, 백신 덕분에 수많은 사람이 목숨을 건질 수 있었다.

구강 백신을 맞는 아이
백신은 특정 항원에 대한 2차 면역 반응이 일어나도록 하여 질병을 예방한다.

🌸 방어 작용의 두 얼굴, 면역 관련 질환

우리 몸의 면역계는 비특이적 방어와 특이적 방어로 다양한 병원체에 맞서 싸우기 때문에 면역계에 이상이 생기면 크고 작은 문제가 발생한다.

면역 결핍증
면역 결핍증은 면역계가 항원에 대항하는 능력이 손상되거나 없어져 면역력이 떨어진 경우를 말한다.

데이비드가 걸렸던 중증 복합 면역 결핍증처럼 선천적으로 방어 작용에 필요한 림프구가 제대로 만들어지지 않아 면역력이 떨어지기도 하지만 후천성 면역 결핍증AIDS처럼 바이러스에 감염되

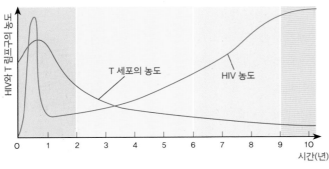
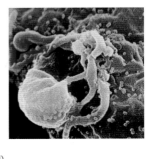

〈그림 11〉 HIV와 HIV의 감염 진행 과정: HIV는 보조 T 림프구를 파괴하여 면역력을 떨어뜨린다.

에이즈(AIDS)

후천성 면역 결핍증(acquir
ed immunodeficiency syn
drome, AIDS)의 약자로 사
람 면역 결핍 바이러스(hu
man immunodeficiency vir
us, HIV)가 원인이다.

어 방어 작용에 이상이 생기기도 한다. 에이즈를 일으키는 바이
러스인 HIV는 보조 T 림프구를 손상시켜 체액성 면역과 세포성
면역이 제대로 작동하지 못하게 한다.

알레르기

매서운 추위가 물러가고 따뜻한 바람에 꽃향기가 넘실거리는
봄이 오기를 기대하는 사람도 많겠지만, 어떤 사람들은 봄이 반
갑지만은 않다. 바로 알레르기 때문이다.

알레르기는 우리 몸의 면역계가 해가 되지 않는 항원에 과민
하게 반응하여 나타난다. 예를 들어 어떤 사람에게 꽃가루는 위
험한 대상이 아니지만, 꽃가루 알레르기가 있는 사람에게는 맞서
싸워야 할 적으로 여겨져 면역 반응이 과도하게 일어나 콧물, 눈
물, 재채기 등의 증상이 나타난다. 알레르기가 일어나는 과정은
〈그림 12〉와 같다.

알레르기를 일으키는 항원(알레르겐)이 처음 몸속으로 들어오면
B 림프구로부터 항체가 생성되어 비만 세포와 결합한다. 이후에
동일한 항원이 다시 몸속으로 들어와 비만 세포에 결합된 항체와
결합하면 비만 세포에서는 히스타민을 포함한 화학 물질이 분비
되어 알레르기 증상이 나타난다.

✅ 더 알아보기

알레르겐

알레르기를 일으키는 항원
을 알레르겐(allegens)이라
고 한다. 알레르겐의 종류는
사람에 따라 음식물, 먼지,
동물, 화학 물질 등 매우 다
양하다.

알레르기 항원에 처음 노출 시

B 림프구

비만 세포   히스타민

알레르기 항원

항체 분비

비만 세포에
항체 결합

같은 알레르기 항원에 두 번째 노출 시

히스타민을
포함한
화학 물질

알레르기 항원이
비만 세포의 항체에 결합

비만 세포가 알레르기
유발 물질 분비

〈그림 12〉 알레르기가 일어나는 과정: 알레르기를 일으키는 항원이 체내로 들어오면 B 림프구로부터 항체가 생성되어 비만 세포와 결합하며, 이후 동일한 항원이 이 항체에 결합하면 히스타민을 포함한 화학 물질이 분비되어 알레르기가 일어난다.

자가 면역 질환

우리 몸을 위협하는 항원과 싸워 큰 피해 없이 승리하려면 면역계가 맞서 싸워야 할 항원만 정확히 구별하여 공격해야 한다. 이를 위해 우리 몸에서는 몸을 지키는 림프구를 생성하고 성숙시키는 과정에서 적군만 정확하게 인식하여 공격할 수 있는 림프구만을 엄격한 검사를 통해 선별한다. 이 검사를 무사히 통과한 림프구만 우리 몸을 지키는 군사로 발탁된다.

하지만 우리 몸을 지켜야 할 면역계에 이상이 생기면 림프구를 선별하는 검사 과정에도 문제가 발생하게 된다. 그 결과 아군과 적군을 제대로 구별하지 못하는 불량 림프구가 선별 검사를 통과하여 우리 몸을 항원으로 착각해 공격하는 일이 일어나 여러 질병이 나타나게 된다. 이와 같은 질병을 자가 면역 질환이라고 하며, 그 예로 류머티스 관절염, 다발성 경화증 등이 있다.

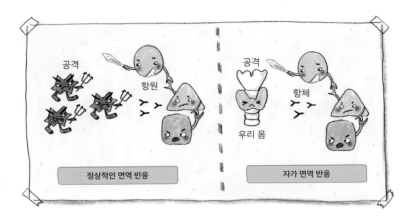

〈그림 13〉 자가 면역 질환: 면역계에 이상이 생겨 우리 몸을 항원으로 인식하고 공격하게 되면 자가 면역 질환이 발생한다.

이번 장에서는 병원체로부터 우리 몸을 지키는 특이적 방어에 대해 살펴보았다. 비특이적 방어와 특이적 방어는 특징이 다르지만 서로 협력하여 우리 몸을 보호한다. 우리 몸에 병원체가 침입하면 곧바로 비특이적 방어가 작동하고 대식 세포와 같은 백혈구는 병원체를 식균 작용으로 제거한다. 동시에 이들은 항원 조각을 제시하고 신호 물질을 내보내 특이적 방어를 담당할 림프구를 활성화시켜 병원체에 대비할 수 있도록 만든다. 비특이적 방어와 특이적 방어의 환상적인 팀워크 덕분에 우리 몸은 병원체의 공격을 효과적으로 막아낼 수 있다.

하지만 방심은 금물! 우리 몸의 방어를 뚫고 매섭게 공격할 수 있는 새로운 병원체가 언제든지 나타날 수 있기 때문에 긴장을 늦출 수 없다. 우리 몸을 둘러싼 면역계와 병원체의 싸움은 아직 끝나지 않았다.

〈그림 14〉 면역계와 병원체의 진화: 진화를 거듭하며 우리 몸을 위협하는 병원체에 맞서 우리 몸의 면역계는 정교한 방어 체계를 갖추고 있다.

속 보이는 생물 ① 세포와 항상성 지키기 교과 연계표

속 보이는 생물 1권 차례		연계된 과목과 단원		
		과목	대단원	중단원
1장 **생명과학이** **궁금해**	1. 인간이 되고 싶었던 안드로이드	생명과학 I	I	생물의 특성
	2. 반 고흐 귀의 부활			생명과학의 통합적 특성
	3. 범죄 수사에서 과학적 탐구를 논하다			생명과학의 탐구 방법
	4. 박물관은 살아 있다!	생명과학 II	I	생명과학의 역사와 발달 과정
	5. 나를 맞혀 봐!(Guess what)			생명과학의 연구 방법, 세포 소기관의 구조와 기능
2장 **세포,** **넌 누구니**	1. 다이어트는 어려워!	통합과학	II	생명체의 주요 구성 물질
		생명과학 II	II	생명체를 구성하는 주요 물질
	2. 인간, 조물주(우연과 시간)에 도전하다!	통합과학	V	생명 시스템의 기본 단위
		생명과학 II	II	생명체의 유기적 구성, 원핵세포와 진핵세포
	3. 위대한 야구 선수 루게릭을 아시나요?	통합과학	V	생명 시스템의 기본 단위
		생명과학 II	IV	세포 소기관의 구조와 기능
	4. 잘못은 우리 별에 있어	생명과학 II	II	세포막을 통한 물질의 출입
	5. 라면을 먹고 자면 왜 얼굴이 부을까?			
3장 **세포,** **무엇으로** **살까**	1. 세포는 무엇으로 사는가?	생명과학 I	II	생명 활동과 에너지, 노폐물의 생성과 배설
	2. 통풍이 무엇인지 아시나요?			물질대사의 중요성
	3. 투명한 병에 담긴 투명한 사과 음료	통합과학	V	생체 촉매
		생명과학 II	II	효소의 작용
	4. 우린 서로 만나야만 해!	생명과학 II	II	효소의 작용

속 보이는 생물 1권 차례		연계된 과목과 단원		
		과목	대단원	중단원
4장 세포, 에너지를 확보하라!	1. 생명의 불꽃 효소	생명과학 II	III	미토콘드리아와 엽록체
	2. 태양 에너지가 생명의 근원이 되는 과정			광합성
	3. 우리 몸에 산소는 왜 필요할까?			세포 호흡
	4. 산소 없이도 ATP를 합성한다?			발효
5장 세포, 무엇으로 살까	1. 아이스크림을 먹었더니 머리가 지끈지끈?	중학교 과학 (3)	IV	감각 기관
	2. 아내를 모자로 착각한 남자	생명과학 I	III	신경계
	3. 아픔이 느껴지지 않아요!			흥분의 전도와 전달
	4. 통조림이 가져다준 선물			근육 수축의 원리
	5. 사랑을 이루는 마법의 묘약?			내분비계와 호르몬
	6. 오줌이 달콤해?			항상성 조절
	7. 우리 몸을 지켜라!			우리 몸의 방어 작용
	8. 바깥세상으로 나가고 싶어요!			우리 몸의 방어 작용

※ 일반적인 교육과정에서 통합과학은 고1, 생명과학 I 은 고2, 생명과학 II 는 고3을 대상으로 하지만 각 학교의 사정에 따라 조금씩 차이가 있을 수 있습니다.

※ 연계된 과목과 단원은 2015년 개정 교육과정을 기준으로 하였습니다. 교과서에 따라 중단원 제목은 다를 수 있습니다.